바다맛 기행 3

바다맛 기행 3

펴낸날 2018년 4월 6일
지은이 김준

펴낸이 조영권
만든이 노인향
꾸민이 강대현

펴낸곳 자연과생태
주소 서울 마포구 신수로 25-32, 101(구수동)
전화 02) 701-7345~6 **팩스** 02) 701-7347
홈페이지 www.econature.co.kr
등록 제2007-000217호

ISBN 978-89-97429-90-5   03980

— 김 준 —

바다맛 기행

3

바다에서 건져 올린 맛의 문화사

자연과생태

이제는 바다와 사람이 함께하는 그물을 만들어야 할 때

먹거리에 대한 관심이 뜨겁다. TV, 신문, 잡지를 보면 우리 혀끝을 자극하는 음식 이야기로 넘쳐나지만, 안타깝게도 우리에게 즐거움을 주는 먹거리의 환경에 대한 관심은 부족한 듯하다. 생각해 보니 어민의 삶과 어촌 문화를 바탕으로 썼던 『바다맛 기행』 첫 번째 이야기도, 우리 밥상에 오른 바다맛을 주제로 썼던 두 번째 이야기도 대개 사람과 먹거리 위주였다. 우리에게 바다맛을 제공해 주는 바다 이야기를 중심으로 다루지는 못했다.

지금 우리 바다는 하루가 다르게 변하고 있다. 바다는 화수분 같아서 언제고 다양한 바다 먹거리를 얻을 수 있을 줄 알았지만 이제는 그럴 수 없다. 각종 쓰레기로 바다는 오염되었고, 서식지 훼손과 남획으로 많은 바다생물이 사라졌거나 사라질 위기에 처했다. 어민과 어촌을 생각하지 않는 수산 정책도 상황을 악화시켰고, 소비자의 무관심도 여기에 어느 정도 영향을 미쳤으리라. 그런데 이 상황에 대한 모든 책임은 기후 변화가 떠안았다. 기후 변화는 아무 것도 책임질 수가 없고, 사실 기후 변화의 큰 원인은 인간에게 있는데 말이다.

바다 환경에 대한 생각은 슬로피시(slow fish)에 관심을 가지면서 더욱 깊어졌다. 슬로피시는 지역에서 나는 먹거리를 전통 방식으로 천천히 만들어 먹자는 운동인 슬로푸드(slow food)에서 비롯했다. 바다와 어촌, 어민을 살리려는 네트워크 운동으로 도시민이 어부로, 공동 생산자로 참여한다. 2017년 이탈리아에서는 '우리가 그물이다(we are the net)'라는 주제로 슬로피시 행사가 열렸다. 여기서 그물은 물, 토양, 미생물, 어류와 어부, 소비자를 엮는 관계망을 뜻한다. 즉 슬로피시가 지향하는 가치인 바다와 어촌, 어민을 살리는 생활 방식을 가리킨다.

우리는 갈치를 먹을 때 기왕이면 세네갈 갈치보다는 제주 은갈치나 목포 먹갈치를 찾는다. 그런데 갈치를 그저 마트에서 손쉽게 살 수 있는 공산품처럼만 대한다면 언젠가는 은갈치나 먹갈치를 볼 수 없을지도 모른다. 오래도록 우리 바다에서 나는 바다맛을 맛보려면 어민, 도시민 가릴 것 없이 모두가 바다, 바다생물과 함께 그물을 만들어야 한다. 이제는 바다생물을 잡는 그물이 아니라 바다생물을 살리는 그물이 필요하다. 이 책이 그 그물을 깁는 작은 바늘과 실이 되었으면 한다.

2018. 03
통영 멍게밭에서

목차

가리맛은 뽑는 것도 힘들지만 옮기는 것이 더 힘들다.
멀리는 갯길 10리에 이르는 곳까지 뻘배를 타고 가야 한다.
바닷물이 자박자박 있을 때는 눈썰매를 타듯 매끄럽게 나아갈 수 있지만 물이 빠진 갯길에서는 정반대다.
이런 상황에서 많게는 100kg이나 되는 가리맛 자루를 뻘배에 싣고 밀고 나가야 한다.
힘으로 되는 일이 아니다. 경험에서 우러난 요령이 필요하다.

가리맛
진짜 맛살

요즈음, 꼬막으로 유명한 순천과 보성 일대 갯살림을 살리는 것은 사실 가리맛이다. 가리맛은 살이 통통해 씹는 맛이 꼭 고기 같으며 육즙이 많고 달콤하다. 괜히 이름에 '맛'자가 붙은 것이 아니어서 맛으로도 꼬막에 뒤지지 않는 데다 가격 경쟁력까지 있다. 갯마을 어머니들이 입에서 단내가 날 정도로 뻘배를 밀면서 가리맛을 뽑는 데는 역시 그럴 만한 이유가 있었다.

이쁜 짓만 하는 조개

2005, 6년쯤 김제평야 너머 광할리 갯벌을 걷고 있었다. 둑방을 따라 걷다가 갯벌에서 뻘투성이가 된 채로 커다란 고무대야를 허리에 묶고서 밀고 끌며 나오는 어민을 만났다. 새만금은 백합으로 유명했지만 방조제가 막히면서 모래갯벌이 점점 펄갯벌로 바뀐 탓에 백합 생산량이 줄어들었다. 그때 잠시 어민들 생계를 이어 준 것이 가리맛이다. 꿩 대신 닭이라 하면 가리맛은 기분 나쁠지 모르겠지만 당시 어민들에게는 단비였으리라. 그런가 하면 가리맛으로 생계를 유지하는 마을도 있다.

갯벌에서 막 뽑아낸 가리맛

순천과 보성 일대 어민들은 꼬막에 울고 가리맛에 웃는다. 꼬막은 성패는 고사하고 뿌려 놓은 종패도 제대로 자라지 못한다. 반대로 갯벌 깊은 곳에 사는 가리맛은 종패를 뿌리면 생존율이 높아 생산량도 풍부하고 가격도 좋다.

산지에서 가리맛은 1kg에 15,000원대로 꼬막과 비슷하며 한 개 가격은 오히려 꼬막보다 비싸다. 그러나 꼬막은 성패로 자라는 데 4~5년 걸리지만 가리맛은 2~3년이면 충분하다. 게다가 이쁜 게 이쁜 짓만 한다고 여행객이 많이 찾는 늦봄부터 여름까지가 제철이니 어민들 사랑을 독차지할 수밖에 없다.

가리맛 인기가 치솟고 있다. 국내 소비량을 감당하기도 부족한데 일본에서도 많이 찾는다. 특히 여자만 가리맛이 인기다. 잡는 즉시 세척해 곧바로 중간상이 가져간다. 갯벌이 준 선물이다. 누가 알겠는가, 펄밭에서 외화벌이를 한다는 것을.

이런 가리맛도 간척과 매립으로 주요 서식지가 사라지고 남획까지 이어지면서 자원량이 급감한 적이 있다. 다행히 전라남도 해양수산과학원에서 주산지 자원 증식에 적극 나서면서 생산량이 회복하는 추세다. 현재 순천 용두마을이나 보성 대포마을에서는 8㎝ 이하 가리맛은 자원 보전을 위해 잡지 않는다.

일본 수출량도 크게 늘면서 순천, 보성, 고흥 일대에서는 수출 양식 단지도 계획하고 있다. 우리나라 한 해 가리맛 생산량은 133톤이고, 이 중 97%인 129톤이 이 지역에서 나온다. 2018년까지 생산량 200톤을 목표로 자원 증식 계획을 세우고 있다.

입에서 단내가 나야 뽑히는 가리맛

가리맛을 뽑을 때(가리맛은 캐는 게 아니라 뽑는다) 가장 먼저 하는 일은 가리맛이 서식하는 구멍을 찾는 일이다. 구멍을 보는 눈이 있어야 헛손질이나 헛심을 들이지 않는다. 이어서 뺨이 갯벌에 닿을 정도로 손과 팔과 어깨를 갯벌 속에 집어넣는다. 여름철에는 뺨에 닿는 갯벌 열기가 가마솥에 불을 지필 때 얼굴로 다가오는 열기 못지않다. 그래도 가리맛을 뽑으려면 반나절 이상을 한증막 같은 갯밭에 머물러야 한다. 펄밭에서 일하다 나와 밥상을 차릴 수 없으니 제때 식사를 할 수가 없다. 얼려서 가지고 나온 미숫가루와 빵으로 끼니를 대신하지만 기력은 금세 바닥난다.

여자만만큼 가리맛이 많은 가막만 회천갯벌에서 삽으로 갯벌을 파 가리맛을 뽑는 한 어머니를 만났다. 이 어머니는 가리맛 하나를 뽑으려고 많게는 15번 삽질을 했다. 가래로 낙지를 잡는 것 못지않은 노동 강도다. 게다가 그 깊이는 거의 삽 한 자루에 이른다. 옆에서 어머니가 뱉어 내는 단내가 고스란히 전해졌다. 지금까지 내가 만난 '삽질의 여왕'은 이 분을 포함해 세 분이다. 다른 한 분은 백수 염전에서 소금을 퍼 수레에 담던 염부의 아내였고 마지막 한 분은 내 어머니다. 어머니는 아버지보다 더 빠르고 정확하게 삽으로 고랑을 헤치고 나갔다. 어머니는 모래가 섞인 단단한 갯벌에서 능숙한 솜씨로 삽질을 했다.

기진맥진하며 가리맛을 뽑고 나도 끝이 아니다. 더 힘든 일이 남았다. 몸무게의 두세 배나 되는 가리맛이 담긴 자루를 뻘배에 싣고 몇 킬로미터나 되는 갯벌을 헤치고 나와야 한다. 한 발은 뻘배에 올리고 다른 한 발로 갯벌을 밀쳐야 한다. 뻘배가 오가는 길이 따로 있어서 아무 곳으로나 가서는 낭패를 보기 십상이다. 또 그 길이 마르면 뻘배가 잘 미끄러지지 않고 너무 물이 많아도 힘주어 밀기가 어려우므로

사람도 자연을 닮는다. 펄밭 인생으로만 환갑에 이르면 마음도 외모도 갯벌을 닮는다. 막 잡아 온 가리맛을 바닷물에 깨끗하게 씻는 별량면에서 만난 어머니가 그렇다. 아이들이 보면 창피하다고 손사래를 치지만 그 아이들, 갯밭에서 농사지어 가르쳤다.

갯사람에게 손발인 뻘배다. 널배라고도 부른다. 갯벌에 쳐 놓은 그물(건강망, 덤장)에 든 망둑어, 게, 숭어를 잡거나 꼬막을 캐거나 가리맛을 뽑거나 짱뚱어 낚시를 할 때 자동차처럼 이용한다. 2015년 국가중요어업유산으로 지정되었다.

상황에 따라 대처하는 경험이 중요하다. 뻘배 타는 모습을 보면 절로 숙연해지는 이유다. 그래서 이런 펄갯벌에서는 뻘배를 탈 줄 모르면 아예 갯벌에 나갈 생각도 하지 말아야 한다.

꼬막을 잡을 때도 뻘배를 타지만 꼬막과 가리맛이 사는 위치가 달라 작업 방식도 다르다. 꼬막은 '기계'라 부르는 채취 도구로 긁거나 손으로 휘저어 찾지만 가리맛은 손을 갯벌 속으로 깊이 집어넣어 뽑듯이 잡아야 한다. 운반할 때도 꼬막은 물이 들면 배에 싣고 나오지만 가리맛은 뻘배에 가득 싣고 직접 한 발로 밀면서 나와야 한다.

용두어촌계 선착장으로 가리맛을 가득 담은 자루를 실은 뻘배가 들어온다. 가리맛을 뽑고 온 어머니들 온몸이 펄투성이다. 어머니들은 곧바로 물을 뿌려 가리맛을 씻고 크기별로 추린 다음 상품성이 없는 것을 빼고서 상자에 담는다. 생물이라 짧은 시간 안에 일을 처리해야 하기 때문이다. 기다리던 상인이 바로 상자를 차에 싣고 떠난다. 일을

갯밭농사는 힘들다. 이렇게 단내 나게 일하는 것을 누군가 알아줘야 한다. 그러나 먹는 사람은 말할 것도 없고 자식도 모른다. 어머니가 무더운 여름 갯밭에서 땀 흘린 것을 알아주는 이는 아버지뿐이다.

해가 지고 머지않아 바닷물이 들어오리라. 어머니는 자가용이나 다름없는 뻘배를 주차한다. 큰 돌에 뻘배를 묶어 바닷물이 들어도 떠내려가지 않도록 단단하게 묶는다. 이때야 비로소 허리가 아프다는 것을 느낀다.

마친 어머니들은 선창 옆에 만들어 놓은 둠벙에서 몸을 씻고 소중한 뻘배도 세척한 다음, 중간수집상이 가져온 음료수와 우유와 빵으로 허기를 달래고서야 집으로 향한다.

펄밭에서 나는 맛살

가리맛은 가는 펄갯벌에 살며 길이 8~10㎝, 높이 3㎝, 폭 2.3㎝까지 자란다. 무더운 여름철에 바닷물이 빠지면 뻘배를 타고 나가 잡는다. 펄 아래 약 60㎝까지 수직으로 구멍을 파고 들어가기에 뽑기가 무척 힘들다. 가리맛과 생김새가 비슷한 돼지가리맛도 있다. 가는 모래 갯벌에 살며 큰 구멍 하나, 작은 구멍 하나가 있어 구멍이 마치 돼지 코처럼 생겼다. 가리맛은 이치목에 속하지만 돼지가리맛은 백합목에 속한다.

『자산어보』에서는 "크기는 엄지손가락만 하고 길이는 0.6~0.7척(1척은 약 30㎝)이다. 껍데기가 무르고 색이 희며 맛이 좋다. 갯벌 속에 숨어 있다"고 기록했다. 이청*은 "길이는 0.2~0.3척이고 크기는 엄지손가락만 하며, 양쪽으로 머리를 벌린다. 중국 일부 지역에서는 펄밭

*이청(이학래, 1792~1861)
다산 정약용이 강진에서 유배 생활할 때 가르친 제자다. 동생인 정약용과 같은 혐의로 흑산도에 유배된 손암 정약전이 끝내 뭍으로 나오지 못하고 우이도에서 죽자, 이청은 스승인 정약용 지시로 정약전이 완성한 『자산어보』를 가져와 필사본을 만들고 고증 작업을 거쳤다.

에서 양식을 한다"고 했다. 이청이 적은 것은 돼지가리맛으로 보인다. 흑산도나 우이도에 펄밭이 전혀 없는 것은 아니지만 모래와 자갈, 갯바위로 이루어진 해안이 더 많다. 이런 곳에는 돼지가리맛이 사는 모래갯벌은 흔하지만 가리맛이 사는 펄밭은 찾기 어렵다.

가리맛은 대맛(대합, 죽합)처럼 맛이 좋아 이름에 '맛'자가 들어가고 '맛살'이라고도 한다. 살이 통통하게 오른 4월부터 먹을 수 있고 한여름이 제철이다. 구워 먹는 것이 으뜸으로 불판에 올리고 조가비가 벌어진 다음 국물이 완전히 졸기 전에 먹으면 좋다. 단, 가리맛살 가장자리에 붙은 것은 떼어 내고 먹어야 한다.

가리맛을 삶아 채소를 넣고 초무침을 해도 맛있다. 부드러운 가리맛살과 아삭거리는 채소가 잘 어울리고 아이들 입맛에도 맞다. 바지

살이 꽉 찬 6월 가리맛

15

락회무침과 비슷해 남으면 밥과 비벼 먹어도 좋다. 된장국에 넣으면 살이 실해 씹는 맛이 꼭 고기 같다. 해물탕에 넣으면 고급스러운 맛이 난다. 일본에서는 초밥 재료로 이용한다.

가리맛무침

다른 조개류와 마찬가지로 가리맛도 해감을 잘해야 한다. 바닷물을 퍼다 하룻밤 담가 놔도 되고 바지락처럼 소금을 조금 넣은 민물에 담가 놔도 된다. 맛조개보다 통통해 씹는 맛이 좋으며 육즙이 많고 달콤하다.

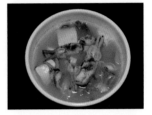
가리맛된장국

전남 순천시 별량면 마산리, 구룡리, 호동리와 보성군 영등리, 장암리, 대포리 일대 가리맛이 좋다. 제철에 이곳 식당을 찾으면 가리맛구이나 가리맛된

가리맛구이

장국을 맛볼 수 있다. 가리맛 철이 되면 순천시 웃장이나 아랫장, 벌교읍 시장에서 구입할 수 있다.

능성어

다금바리가 아니어도
차고 넘치는 맛

능성어는 생김새가 비슷해 종종 고급 생선인 다금바리로 불리기도 한다. 그러나 맛으로 보나 식감으로 보나 다금바리에 밀릴 이유가 없다. 게다가 뼈, 머리, 내장, 껍질까지 어느 것 하나 버릴 게 없으니 능성어라는 이름만으로도 충분하고 값지다.

능성어를 처음 맛본 섬

능성어 맛도 제대로 보지 못한 채 몇십 년간 바닷가를 오갔다면 사람들이 믿을까마는 사실이 그랬다. 그러다 전남 여수시 삼산면 손죽도에 들렀다가 정말 우연찮게 능성어를 맛볼 기회를 잡았다. 손죽도는 여수에서 거문도로 가는 길목에 있는 섬으로 고흥 나로도를 지나 초도에 이르기 전에 들르는 곳이다. 여수에서 들어가면 1시간 20분이 걸리지만 고흥 외나로도에서는 20여 분이면 들어갈 수 있다.

손죽도(損竹島)라는 지명은 선조 20년(1587)에 이대원(1566~1587) 장군 사망과 함께 등장한다. 이순신 장군이 1591년 전라좌수사로 부임하면서 큰 인물(이대원)을 잃은 곳이라 해 붙은 이름이다. 장보고, 이순신과 함께 우리나라 해전사 영웅으로 꼽을 만한 이대원 장군은 이섬 마을신이다. 일제강점기에는 손죽도(巽竹島)로 한자가 바뀌었다.

손죽도에서 먹어 본 능성어회. 마을 이장님은 능성어회를 '진짜 회'라고 말했다.
붉은 혈합육이 특징인 능성어회를 한 점 입에 넣으니 아주 쫄깃하고 탱탱했다.
다금바리에 견줄 만하다.

지금은 350여 가구밖에 살지 않지만 일제강점기에는 선원만 500여 명이었고 안강망 어선도 55척이나 있었다. 이곳 어민들은 오징어 철에는 울릉도로, 조기 철에는 연평도로 제주도를 제외한 동해, 서해, 남해를 두루 다녔다. 최근 복원된 화전놀이도 고기잡이와 무관치 않다. 화전놀이는 과거 여수 지역, 특히 손죽도에서 성행했던 전통 민속놀이다. 고기잡이가 활발하던 시절에 바다에서 몇 달을 보내야 했던 어민의 설움을 달래고자 가족과 마을 주민이 모여 난장을 펼친 데서 유래했다. 이날만큼은 남녀노소 가리지 않고 흥겹게 놀고자 가면을 쓰기도 했다고 한다.

능성어를 처음 맛본 섬 손죽도. 이대원 장군처럼 큰 인물을 잃은 곳이라 해서 이런 이름이 붙었다.

삼치회는 쬐그만 먹고 기달리쇼, 진짜 회가 나웅께라

손죽도에서 능성어를 맛본 사연은 이렇다. 전라남도가 추진하는 '가고 싶은 섬 가꾸기' 사업에 손죽도가 선정되어 자원 조사차 섬에 들렀다가 마을 청년 모임에 참여하게 되었다. 한 달에 한 번씩 열리는 청년회 회의 겸 식사 자리였다. 청년회가 열리는 날은 으레 식사하기에 앞서 마을이나 해안가를 청소하고 마을 어르신도 식사에 모신다. 이날은 손죽도로 귀촌한 주민이 이웃한 거문도에서 가져온 삼치와 능성어로 상을 차렸다.

삼치가 먼저 나왔다. 이곳에서는 삼치를 속대기에 싸 양념장을 올려 먹는다. 속대기는 갯바위에서 김을 뜯어 손수 만든 것이다. 배가 고픈 탓에 입 안에 들어간 삼치가 아이스크림처럼 녹아내렸다. 그런데 이장님이나 주민들은 젓가락질이 시원찮았다. 맛이 없는 것인지, 매일 먹어서 물린 것인지. 그때 이장님이 귀띔을 해 줬다. "박사님, 그것은 쬐그만 먹고 좀만 기다릴쇼. 진짜 회가 나웅께라." 이것은 또 무슨 소린가? 이른 봄에 삼치회면 최고지, 삼치회는 조금만 먹고 기다리라니?

이장님이 말하는 '진짜 회'는 능성어회였다. 그리 오랫동안 맛보지 못했던 능성어를 먹을 수 있다는 말에 솔깃해 젓가락을 놓았다. 궁금했다. 앉아서 기다릴 수 없어 부엌으로 향했다. 삼치 양념장을 만드느라 소란스러운 와중에 조용히 회를 써는 분이 있었다. 가까이 가서 보니 회 옆에는 손질한 내장까지 있었다.

능성어회는 겨자 소스를 만들어 찍어 먹는다. 초장이 있지만 어민들은 회 맛과 식감을 제대로 느낄 수 없어 즐겨 먹지 않는다.

손죽도로 이사 온 주민이 마을 사람들을 위해 삼치와 능성어를 구해 와 상을 차렸다.

회 중에서 가장 맛있는 부분이 날개 부분이다. 능성어 한 마리에 한 점이다. 귀해서 더 맛있다.

능성어는 버릴 것이 없다. 간, 창자, 쓸개도 살짝 데쳐서 먹는다. 양이 많지 않기 때문에 한입 맛보는 정도로만 만족해야 한다.

민어 껍질을 데쳐서 싸 먹는다는 말은 들었지만 능성어 껍질도 같은 방법으로 먹는 줄은 몰랐다.

드디어 각 상마다 능성어회가 한 접시씩 올랐다. 상 위에는 삼치, 능성어 회와 김 그리고 겨자를 넣은 장, 양념장, 된장, 생마늘과 고추가 놓였다. 뭍에서 흔히 보던 초장이 없었다. 일행 중 누군가가 "초장이 없는데요" 라고 소리치자 "여기서는 회를 초장에 찍어 먹지 않네요"라는 말이 되돌아왔다.
간장 소스에 찍어 먹는 삼치
와 달리 능성어는 겨자를 넣
은 장에 찍어 먹는다. 아까
까지만 해도 삼치로 향하
던 젓가락이 모두 능성어
로 향했다. 색깔부터 삼치

능성어 어죽. 비릴 것이라는 예상과 달리 정말 담백하고 고소
하다. 몇 그릇을 먹어도 부담스럽지 않다.

와 다르고 삼치에게는 미안하지만 식감도 더 쫄깃하고 탱탱했다.

　섬에서 제일 미인이라는 한 아주머니가 돌아다니면서 사람들에게
입을 벌리라 하고는 뭔가를 넣어 줬다. 능성어 내장 데침이었다. 아
까 부엌에서 보고는 왜 내장을 손질해 두었는지 궁금했는데 주민들
이 별미라며 엄지를 척 세웠다. 양이 많지 않아 직접 돌아다니며 사람
들에게 맛만 보여 준 것. 간, 창자, 쓸개 모두 버리지 않는다. 술잔이
오고 가며 자리가 무르익어 갈 무렵 회가 사라진 빈 접시에 살짝 데친
능성어 껍질이 놓였다. 민어 껍질은 데쳐 먹어 봤지만 능성어 껍질도
그리 먹는 줄은 몰랐다.

　끝으로 어죽이 나왔다. 어죽은 비릿하다고 생각했는데 이장님 말
로는 고소하고 비린 맛이 하나도 안 나는 보약이라고. 능성어 뼈와 머
리를 넣고 푹 곤 다음 건져 내고 불린 쌀을 넣어 끓인다. 간은 오직 천
일염으로만 한다기에 처음에는 맛이 있을까 의심했지만 세 그릇이나
비웠다.

능성어는 무죄다

어린 능성어 몸통에는 어두운 가로무늬 7개가 선명하지만 이 무늬는 자라면서 점점 희미해진다. 무늬가 아예 없는 개체도 종종 있다. 또한 서식지에 따라서 몸 색깔이 조금씩 다르다. 아래턱이 튀어나왔으며 양턱에 송곳니처럼 생긴 이빨이 있다. 주로 깊은 바다 바위에 살며 바위틈에 숨어 있다가 지나가는 갑각류나 어류를 사냥하며, 5~9월 사이에 연안에서 알을 낳는다. 자라면서 몸이 커지면 암컷에서 수컷으로 성전환한다. 아홉돈배기, 일곱돈바리, 구문쟁이라고도 한다.

손죽도, 소거문도, 평도, 광도 등 손죽열도 주변은 수심이 깊어 능성어가 많이 산다.

가끔 능성어가 다금바리로 둔갑하기도 한다. 물론 능성어는 죄가 없다. 일부 상인의 상술과 여행객의 허영심이 만들어 낸 죄를 능성어가 뒤집어쓴 셈이다. 사실 다금바리 표준명은 '자바리'이고 진짜 '다금바리'인 생선은 따로 있다. 진짜 다금바리는 깊은 바다에서만 살아 제주에서도 잘 잡히지 않는다. 그러나 호사가들 사이에서 고급 생선으로 회자되다 보니 이따금 1kg에 몇만 원 하는 능성어가 수십만 원짜리 다금바리로 팔리는 일이 생긴다.

능성어는 몸에 가로무늬가 7개 있고 자바리는 불규칙한 호피무늬가 있다. 통영 중앙시장에서 만난 양식산 다금바리도 가로무늬가 선명했다. 그런데 도감을 찾아보니 이번에는 가로무늬와 호피무늬가 섞여 있어 자바리와도 비슷했다. 이러니 사람들이 헷갈릴 만하다. 이럴 때는 회를 보면 알 수 있다. 능성어회는 붉은 혈합육이 눈에 띄고 혈합육 위에는 흰 지방질이 있다. 다금바리회는 붉지 않고 투명한 연분홍색이다. 여기에 희끗희끗하게 섬유질이 박혀 있다.

능성어는 제주도와 손죽도, 초도를 포함한 거문도 일대 바다에서 양식한다. 우리가 먹는 능성어는 대개 양식산이거나 일본산이다. 다

능성어

자바리

금바리 정도는 아니지만 능성어도 값이 싸지는 않다. 회, 초밥, 조림, 찜, 구이, 어죽 등으로 이용하며 과거 청와대 만찬에도 오른 적이 있다. 바닷가재, 캐비어, 송로버섯, 샥스핀, 한우 요리와 함께 능성어찜이 올랐다. 값도 값이지만 다금바리 못지않게 귀한 생선임을 알 수 있다.

자바리(아래)와 능성어

능성어는 이따금 다금바리로 둔갑해 팔리기도 한다. 몸에 있는 가로무늬 탓에 비슷해 보일 수도 있다.

능성어로 끓인 미역국

다시마를 통째로 말리는 데는 햇볕이 최고다.
크기가 장난이 아니라 건조기에 넣는 게 쉽지 않다. 그만큼 손이 많이 간다.
오죽하면 '다시는 안 하마'한다고 해서 다시마라고 할까.
그래도 다른 어떤 벌이보다 쏠쏠하니 손을 멈출 수가 없다.

다시마

입 안 가득 퍼지는
싱싱한 바다

다시마는 주로 국물의 감칠맛을 내는 데 쓰지만 삼겹살이나 과메기, 회를 싸 먹기에도 좋고 과자처럼 부각이나 튀각으로 먹어도 맛있다. 맛도 맛이지만 해조류답게 우리 몸에 무척 좋다. 칼로리가 매우 낮고 섬유질이 많아 변비와 비만에 도움이 되며, 종양을 억제하고 면역력을 높이며 콜레스테롤을 줄이는 효과도 뛰어나다. 다시마를 비롯한 해조류는 미래 식량문제를 해결할 3대 대안으로 꼽히기도 한다.

잠잘 곳은 없어도 다시마는 널어야제

점심시간이 지나고 갯벌에 물이 빠지자 완도 생일도 서성리 앞 '개안'에는 할머니들과 아주머니들이 반찬거리를 마련하고자 활게(칠게)를 잡거나 바지락을 캐러 모여들었다. 화제는 역시 다시마다. "생일면 다시마는 일 년을 보관해도 다글다글해. 철갑다시마라고, 상인들이 그렇게 말을 해. 물발이 센 데만 허거든. 건조만 잘하면 서울서도 안 빠지고 어디서도 안 빠져."

완도는 해조류 섬이다. 김, 미역, 다시마를 아우르는 우리나라 3대 해조류 어장을 갖추고 있으며 2016년 기준으로 전국 해조류 생산량의 39%를 차지했다. 패류 생산량이 71%인 것에 비하면 낮지만 한

지자체에서 해조류를 생산하는 비중으로는 매우 높다. 완도는 동쪽 끝 평일도에 딸린 섬에서 서쪽 끝 보길도에 딸린 섬까지 하면 직선으로 70㎞에 이르며 유인도 50여 개와 무인도 200여 개로 이루어진 지역이다. 해조류가 살기 적절한 수온이 유지되고 갯바위와 섬, 섬과 섬 사이에 갯벌이 발달했기에 자연산 해조류도 많고 양식 또한 가능하다. 해조류 중에서도 비중을 가장 많이 차지하는 것은 다시마다.

완도에서도 다시마 주산지는 생일도와 금일읍이다. 금일읍은 평일도와 그 주변 작은 섬을 일컫는다. 생일도와 금일읍 중에서도 생일도 다시마를 더 높게 친다. 조류와 젊은 바다 덕분이다. 평일도는 우리나라에서 가장 일찍 다시마 양식 단지가 조성된 곳이다. 바다도 땅처럼 오랫동안 한 작물을 키우면 비옥도가 떨어진다.

생일도는 1990년대 후반부터 다시마를 양식하기 시작했다. 김 양식에서 미역 양식으로 그리고 전복과 다시마 양식으로 변해 왔다. 현재 생일도 모든 마을에서 다시마를 양식하며 주민의 주요 소득원도 다시마다. 품질이 떨어지는 미역과 다시마는 전복의 먹잇감으로도

다시마 수확철이 되면 생일도, 평일도 같은 다시마 주산지는 산과 들, 논밭, 길이 새까매진다. 빛가림막을 바닥에 깔고 그물을 펼쳐 다시마 건조장을 마련하기 때문이다. 오죽하면 잠자리는 없어도 다시마 널 자리는 남겨 두어야 한다고 했을까.

이용한다. 다시마 작업은 5월부터 시작해 여름철에 마무리한다.

양식을 하기 전에는 갯바위에서 톳, 가사리, 김, 미역 등을 채취했다. 이렇게 자연산 해조류를 채취하는 곳을 '갱번'이라 부른다. 마을마다 갱번이 있고, 주민이 많은 마을은 몇 모둠으로 나누어 정해진 곳에서 해조류를 뜯는다. 이러한 모둠을 '주비'라고 하고, 주비를 이끄는 사람은 '주비장'이라 한다. 공동으로 채취해서 공동 분배하는 어촌 공동체 전형이다.

얼마 전 생일도를 다시 찾았더니 풍경이 예전과 달라졌다. 과거 고구마와 보리를 심던 밭과 해안 언덕배기는 잔돌이나 사석을 깔고 덮개를 씌운 건조장으로 바뀌었다. 언젠가 생일도에서 만난 한 어머니가 "잠잘 곳은 없어도 다시마 널 자리는 있어야제. 요것으로 먹고 사는데. 자식보다 효자제"라고 했는데 그만큼 이 섬에서는 다시마가 중요하다는 뜻이리라.

업처럼 안고 살던 가난에서는 벗어났건만

금일읍 평일도에서는 매년 다시마축제가 열린다. 몇 년 전으로 기억한다. 다시마축제에 갔다가 인심 좋은 어르신을 만났다. 어르신은 높은 사람들 축사가 꼬리를 물고 이어지는 운동장 구석에서 비릿함이 가시지 않은 다시마 가닥을 들고 있었다. "이렇게 두껍고 색깔이 좋게 만들려면 공력이 얼마나 들어가는디. 일등품이여." 어르신의 자랑에 한껏 멋을 부린 한 어머니가 물었다. "얼마다요?" 그랬더니 어르신은 고개도 돌리지 않고 "홍보나 잘해 주쇼"라며 다시마 몇 가

다시마축제는 부산 기장, 완도 금일읍에서 봄에 열린다. 완도 해조류박람회에서는 다시마의 다양한 기능을 소개한다.

다시마 캔디와 젤리

다시마 가루를 넣어 만든 빵과 과자

다시마국수

다시마조청

닥을 그냥 줬다. 어르신의 다시마 자랑을 경청하던 나도 몇 가닥 얻었다. 인심 후한 어르신 때문에 축사가 끝나기도 전에 다시마는 바닥이 났다.

평일도에는 굴곡이 심한 작은 만이 많다. 이런 곳은 십중팔구 마을 어장이다. 주변에 장고도·충도·생일도 수도가 있어 물길도 좋아 해조류 양식을 하기에 알맞다. 지금처럼 다시마 양식을 많이 하기 전에는 섬 내만에 지주를 세워 김 양식을 했다. 일제강점기에 발행된『한국수산지』에도 감목리 일대 갯벌에 "대나무를 한 평에 약 50본 정도병렬 수직으로 세우고 음력 9월에 건홍(김 양식)해 다음해 정월 하순에 채취하며 면적은 약 5,000평"이라고 나온다. 일찍부터 해조류 양식지로 알려진 셈이다.

다시마를 양식할 때는 줄에 뿌리나 포자를 끼운다. 어린잎이 나오면 양식장으로 내보낸다. 이듬해 늦가을부터 자란 2년생 엽체부터 채취할 수 있고 상품 가치도 이 무렵이 가장 높다.

다시마 양식을 성공하기 전, 평일도 주민의 주식은 여느 섬처럼 보리와 고구마였다. 평일도는 산이 높고 땅도 제법 있으며 일찍 김 양식도 했기에 주변 작은 섬보다는 형편이 났긴 했지만 지금에 비할 바가 아니었다. 식량이 바닥나면 미역, 다시마, 파래를 뜯어 고흥과 강진으로 나가 식량과 바꾸어 와야 했다. 이를 섬사람들은 '도부 나간다'고 했다. 평일도 주민들이 비로소 마음 놓고 밥술을 뜨게 된 것은 일본으로 김을 수출하면서부터였고, 업처럼 안고 살았던 가난을 벗은 것은 다시마를 양식하면서부터였다.

바다가 거친 생일도에서는 파도에 견딜 수 있는 시설이 개발된 후에

다시마는 조류 소통이 원활하고 수온이 10℃ 이하로 유지될 때 자라기 시작한다.

마른 다시마를 판매하려고 저울질하는 어민

다시마 경매

야 양식이 가능해졌다. 한때는 먹고 살기 힘들어 김 양식이 활발한 평일도로 겨울철 김머슴을 살러 가기도 했다.

이제는 섬에서 심심찮게 외제차를 볼 수 있고 생활 기반도 도시 못지않다. 그러나 삶이 풍요로워진 만큼 바다는 늙어 갔다. 지나친 욕심이 불러온 화라 할까. 땅이 건강해야 농산물이 좋듯 바다와 해산물도 마찬가지다. 이를 극복하고자 여러 노력을 기울이고 있다.

효능으로 똘똘 뭉친 바닷말

다시마는 주로 국물의 감칠맛을 내는 데 쓰지만 삼겹살, 과메기, 회를 싸 먹기에도 좋다. 부각이나 튀각, 밥으로 해서 먹기도 한다. 요리에 쓸 때는 윤기가 있고 도톰하며 바다 냄새가 나고 표면에 흰 분이 묻은 것을 고르는 것이 좋다.

칼로리가 매우 낮고 섬유질이 많아 조금만 먹어도 포만감을 느낄 수 있고 장운동도 활발하게 해 변비와 비만을 한 번에 해결하는 다이어트 식품으로도 유명하다. 이는 다시마 성분의 20~30%를 차지하는

다시마비빔밥

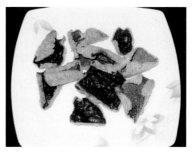
다시마부각

알긴산(alginic acid) 덕분이다. 또한 다시마에는 칼슘, 칼륨, 마그네슘 등 미네랄 50여 종이 포함되어 있어 피부 노화를 억제하는 효과가 있다.

최근에는 다시마에 든 후코이단(fucoidan)도 인기다. 후코이단은 미역이나 다시마처럼 미끌미끌한 점진물에 함유된 다당류다. 생리 작용을 활성화해 종양을 억제하고 바이러스 면역 체계를 높이며 콜레스테롤을 줄이는 효과도 뛰어나다. 완도군은 다시마에서 후코이단을 추출해 건강보조식품과 기능성 화장품을 만들고 있다.

다시마는 갈조류에 속하는 여러해살이 대형 해조류로 참다시마와 애기다시마가 있다. 양나라 사람 도홍경이 편찬한 『본초경주』에는 "곤포(다시마)는 맛이 짜며 차고 독이 없다. 주로 12가지 수종, 앵류, 결기, 창 등을 치료한다. 원산 이북에서만 났으나, 현재는 경상도와 강원도 연안에서 자생한다"라고 나온다.

다시마는 큰 것은 3m가 넘고 폭도 40㎝에 이르는 초대형 해조류다.

2~4년생인 엽체는 포자 세대로 잎, 줄기, 뿌리가 나뉜다. 잎은 황갈색~흑갈색 띠 모양으로 자라며 두껍고 표면은 매끄럽다. 줄기는 곧게 선 원기둥 모양이며 뿌리는 바위를 단단하게 붙잡을 수 있도록 얽혀 있다. 초가을부터 겨울까지 자란 다음 엽체 표면에서 무성포자가 생성, 방출된다. 포자는 물속을 헤엄쳐 다니다가 실 모양 암수 배우체가 되고 수온이 내려가면 수정을 하고서 정착해 잎을 만들기 시작한다. 여러해살이지만 잎은 해마다 녹아 없어지고 새 잎이 난다. 긴 것은 3m가 훌쩍 넘고, 너비가 30㎝가 넘는 것도 많다. 우리나라 모든 바다에서 자라고 일본, 캄차카반도, 사할린 등 태평양 연안에도 분포한다.

미래 자원 해조류

조류(藻類)는 담수에서 자라는 담수조류와 해수에서 자라는 해수조류(바닷말)로 나뉜다. 생물분류학 용어라기보다는 광의로 쓰이는 일반 용어다. 전 세계에 40,000여 종이 있으며 미기록종을 포함하면 그 수의 4~8배는 될 것으로 예상한다. 조류는 눈으로 확인할 수 없는 남조류, 규조류, 와편조류 등 해양생태계 기초 생산자로 중요한 역할을 하는 단세포 조류와 녹조류, 홍조류, 갈조류 등 빛깔에 따라 구별하는 다세포성 거대 조류가 있다.

해조류도 육상 식물과 동일하게 엽록소로 광합성을 한다. 얕은 바다에는 녹조류가 가장 많고 이어서 갈조류와 홍조류가 나타난다. 해조류는 이산화탄소를 흡수하고 산소를 공급하며 부영양화를 줄이는 역할을 한다. 또한 수산 자원의 산란장과 성육장, 식량 자원이 되기도 한다.

인간이 이용하는 해조류는 500여 종이다. 이 중 다시마, 미역, 김, 모자반 등은 산업 자원으로도 주목받고 있다. 특히 해조류는 곤충, 배양육과 함께 미래 식량문제 해결의 3대 대안으로 꼽는다. 이뿐만 아니라 신소재, 신약, 화장품, 바이오에너지 분야에 활용되면서 융복합 산업 모델로 떠오르고 있다. 완도항과 해변공원 일원에서 개최된 2017년 완도해조류박람회 주제 역시 '바닷말의 약속, 미래에의 도전'이었다.

운 좋게 광어가 잡혔는데 결정적인 순간에 녀석이 도망치고 말았다.
놓친 고기는 크다더니 자꾸 눈에 어른거린다.

광어(넙치)
온 국민 입맛을 사로잡다

간혹 맛보는 진미도 좋지만 사실 우리 일상을 풍성하게 하는 것은 언제 어디서나 편안하게 즐길 수 있는 맛이다. 그런 점에서 남녀노소 부담 없이 즐길 수 있는 광어는 단연 으뜸이다. 게다가 무난한 맛만큼이나 모나지 않은 생태 덕분에 우리나라 어느 바다에서나 양식이 가능하니 어민들에게도 더할 나위 없이 고마운 생선이다.

대한민국 양식 어업의 자존심

광어가 없었다면 우리나라 횟집은 모두 문을 닫아야 했을 것이다. 어획량과 상관없이 사철 맛볼 수 있고 맛도 평균 이상이어서 손님 입맛을 무난하게 만족시키니 말이다. 대학에 다니는 둘째 딸이 가장 좋아하는 회도 광어회다. 살이 도톰하고 씹는 맛이 있어 좋단다. 영락없는 조선 입맛이다. 일본인이 참치에 빠졌다면 우리나라 사람은 광어다.

양식산 광어(통영)

자연산 광어(하왕등도)

37

어디 맛뿐인가. 성장 속도도 빠르고 어병에도 강하며 전국 어느 바다, 심지어 육상 양식장에서도 키울 수 있으니 양식업자들도 반긴다. 우리나라 광어는 국내 활어 생산량 1위일 뿐만 아니라 세계 광어 생산량에서도 1위를 차지했다.

광어 양식은 1980년대 중반에 시작되었다. 양식용 수조 시설은 1987년 56개소 30ha에서 1989년 220개소 60ha로 늘어났다. 전남과 경남 연안 지역에 육상 수조가 생긴 것도 이 무렵이다. 1990년대 초반이 되자 제주도 해안가에도 광어 양식을 위한 육상 가두리 시설*이 들어섰다. 굴지의 수산 업체도 광어 양식에 뛰어들었다. 연안에서 잡히는 자연산 광어와 양식 광어가 각각 2,000여 톤에 이를 때였다.

양식 광어가 횟감으로 자리 잡기 시작한 것도 1990년대 초반이다. 지금이야 광어회가 흔하지만 당시에는 최고급 회였다. 1kg에 40,000원까지 했다(지금은 15,000~20,000원 선). 그러다 보니 색깔이 비슷한 가물치회가 둔갑해 올라오는 일도 벌어졌다.

여수 수산시장 활어 가격표(2017년 3월 기준)

맨 위가 참돔, 가운데는 농어, 아래는 광어 회다.

*최근 제주의 육상 가두리에서는 새로운 문제가 발생했다. 육상 양식장의 배출수가 마을 어장 생태계에 큰 영향을 미치고 있다. 특히 서귀포 보목, 토평 마을은 문제가 심각하다. 한편에서는 일부러 해중림과 바다 목장을 조성하고 있는데 정작 자연 해중림인 마을 어장이 배출수로 훼손되는 사실에는 관심이 적다. 마을 어장은 구젱기, 전복, 해삼 등이 자라는 곳이며 해녀들이 물질하는 '바당'이다. 마을 어장 휴식년제 도입과 함께 육상 가두리 문제에 대한 대책도 마련해야 한다.

광어회가 인기인 것은 맛도 맛이지만 회수율이 높기 때문이다. 회수율이란 생선 뼈와 내장과 머리를 제외한 순수 근육량을 말하며 회수율이 낮은 것은 회보다는 탕으로 제격이다. 우럭이라 부르는 조피볼락이 대표적이다. 그래서 횟집에서는 같은 무게라면 머리가 작고 살이 많은 광어를 선호한다. 혹여 수입산 생선을 꺼린다면 광어를 선택하자. 거의 100% 국내산이고 오히려 수출하기도 하니 말이다.

눈이 한쪽으로 몰린 이유는?

흔히 광어라고 부르지만 표준명은 넙치로 가자미목 넙치과로 분류한다. 종류로는 넙치, 별넙치, 점넙치, 풀넙치가 있다. 『자산어보』에서는 접어(蝶魚), 속명은 광어라 했다. 접어라고 한 것은 도다리와 마찬가지로 헤엄칠 때 몸을 접었다 폈다 하는 모습이 나비와 닮아서이다. "큰 놈은 길이가 4~5척(1척은 약 30㎝)이고 너비는 2척 남짓이다. 몸통은 넓적하면서 얇다. 눈 2개가 왼쪽에 치우쳐 있다"고 하며 "맛은 달고 진하다"고 덧붙였다. 넙치 특징을 잘 설명했다.

눈이 왼쪽으로 몰려 있어 중국에서는 비목어(比目魚)라 한다. 중국

자망에 걸려 올라오는 광어(하왕등도)

에서 전해지는 이야기에 따르면 "동쪽 바다에 사는 비목어는 눈이 한쪽에만 있기에 두 마리가 좌우로 달라붙어야 제대로 헤엄을 칠 수 있다"고 하며, 이처럼 늘 함께 붙어 다녀야 하기에 '비목동행'이라 했다. 비목동행은 늘 함께 다니는 연인 사이를 말한다. 시인 백석은 「가재미와 넙치」라는 시에서 두 생선 눈이 한쪽으로 돌아간 이유를 바다나라 임금이 명령한 것을 수행하지 못해 싸대기를 맞아 그렇다고 풀어내기도 했다.

비슷한 생김새 탓에 광어와 도다리를 헷갈릴 때가 있다. 이럴 때 요긴한 방법이 '좌광우도'다. 키가 작고 재밌던 고등학교 시절 생물 선생님이 알려 준 방법이다. 눈이 왼쪽에 몰려 있으면 광어, 오른쪽에 몰려 있으면 도다리라는 뜻이다. 물론 예외로 강도다리처럼 눈이 왼쪽에 있는 도다리도 있다.

넙치 눈이 태어날 때부터 이런 것은 아니다. 넙치나 도다리를 비롯한 가자미류는 태어나 약 3주까지는 다른 바닷물고기처럼 눈이 양쪽에 붙어 있다가 자라면서 점점 왼쪽으로 쏠린다. 그리고 주로 모래밭에 몸을 묻고 있으므로 바닥에 붙는 쪽 몸 색깔은 흰색이고 윗면은 모래 색깔과 비슷한 보호색으로 바뀐다. 모래 속에 숨어 있다가 타원형으로 발달한 이빨로 조개, 갯지렁이나 작은 물고기를 잡아먹는다. 넙치가 도다리에 비해 입이 큰 것은 작은 물고기도 잡아먹기 때문이다.

보호색을 믿는 것인지 적이 다가와도 그저 돌이나 모래 바닥에 엎드려 지내는 습성 탓에 한때는 다이버의 표적이 되기도 했다. 적과 눈이 마주치면 그때야 도망가지만 녀석들은 주변으로 수평이동하기 때문에 쫓아가기도 좋고 멀지 않은 곳에 다시 자리를 잡기 때문에 작살로 쉽게 잡을 수 있다. 그러나 다이버가 바다생물을 채취하는 것은 불법이다. 넙치는 바다 위에서 낚시로 잡는 것은 괜찮지만 작살을 들고 물속으로 들어가 잡는 것은 안 된다. 작살로 바닷물고기를 잡을 수 있는 사람은 해녀뿐이다. 어민들은 넙치를 그물로 잡는다.

자연산, 양식산 구별 없이 풍성한 맛

양식이 발달해 이제는 철에 관계없이 광어 맛을 볼 수 있다. 자연산은 찬바람 부는 늦가을과 겨울이 제철이다. 봄, 여름은 산란철이라 회맛이 떨어진다. 오죽하면 '3월 광어는 개도 먹지 않는다'는 말이 나왔을까. 특히 4월에는 알배기가 섞여 있을 확률이 높기에 잘 살펴봐야 한다.

자연산과 양식산 광어는 어떻게 구별할까? 가장 명확한 포인트는 배(눈이 없는 부분)에 나타나는 흑화 현상이다. 배가 거무튀튀하면 양식산, 그렇지 않으면 자연산이다. 인천 옹진군 소이작도에서 자망을 이용한 고기잡이 체험을 한 적이 있다. 숭어, 주꾸미, 농어 등과 함께 광어 몇 마리가 올라왔다. 한결같이 배 부분이 하얬다. 그러나 간혹 자연산이어도 흑화 현상이 나타나기도 한다. 이는 가두리에서 탈출했거나 치어를 방류한 경우다.

또 다른 차이는 크기다. 5kg 이상이면 자연산일 확률이 높다. 양식산은 사료 공급 대비 성장 속도가 빠를수록 생산성이 떨어지므로 대략 2kg에 출하하며 때로는 1kg에 출하하기도 한다. 그러나 이제는 대

자연산 광어회

광어회 한 상. 텃밭에서 따온 고추와 깻잎, 오이무침, 묵은 김치가 함께 나왔다.

광어구이(위도)

광어물회

광어초밥

광어탕. 호박잎과 고추를 넣고 얼큰하게 끓여 낸다.

광어맑은탕. 회를 뜨고 난 뒤 뼈와 머리를 넣고 통째로 끓였다.

광어스테이크. 아이들에게 인기다.

부분 횟집과 식당에서 양식산을 쓰므로 자연산, 양식산 따질 필요 없이 양식산을 주문하는 것이 현명하다.

　돌미역 채취하는 장면을 촬영하려고 목포 방송국 제작팀과 함께 맹골도에 간 적이 있다. 그날 이웃 섬 죽도에 있는 후배에게서 광어를 잡았으니 들르라는 연락을 받았다. 어머니도 뵙고 돌미역 뜯는 것도 도울 요량으로 고향에 왔다가 낚시로 잡은 것이라 했다. 연락을 받았을 때는 이미 밤이었기에 이튿날 아침 일찍 어선을 타고 죽도로 건너갔다. 후배는 자연산 광어를 밤새 인공호흡해 살려 놓았다고 너스레를 떨었다. 거칠게 썰어 놓았지만 침이 꼴깍 넘어갔다. 자연산이라 크기도 크고 배 부분도 정말 하얬지만 맛은 양식산과 별반 다르지 않았다.

장봉도에서 만난 부부가 차려 준 광어회 밥상. 막배를 타야 해서 허겁지겁 먹었지만 두고두고 기억에 남는 상차림이다.

횟집에서 광어를 고를 때는 수조에서 활발하게 오가거나 건졌을 때 뛰는 녀석은 피하는 것이 좋다. 싱싱한 광어는 수조 바닥에서 가만히 있거나 건졌을 때도 요란하지 않다.

광어는 회, 초밥, 탕, 구이, 조림, 물회 등 생선으로 할 수 있는 모든 요리 재료로 쓸 수 있다. 지금까지 먹은 광어 요리 중 가장 인상 깊었던 것은 광어스테이크다. 스테이크라고 해서 유명 레스토랑이나 호텔에서 먹은 건 아니고 충남 보령에 있는 호도 민박집에서 먹었다. 호도는 해녀가 많은 섬이다. 광어스테이크는 이 민박집 안주인이 직접 개발한 요리였다.

소금으로 밑간을 하고 얼마간 숙성시킨 광어를 포 뜨지 않고 그대로 팬에 구운 다음 소스를 얹어 내놓았다. 광어는 도톰하고 탄력도 좋기에 스테이크로도 손색이 없었다. 스테이크용으로 광어를 구울 때는 팬에 올리브유를 두르지만 없으면 들기름도 괜찮다. 소고기와 달리 쉽게 부서지므로 한 번에 뒤집어 마무리해야 한다.

멍게비빔밥. 늘 조연으로 머무르던 멍게를 당당히 주인공 자리에 올리는 공을 세웠다.

멍게

만년 조연에서
화려한 주인공으로

멍게는 사실 '우렁쉥이'의 경상도 말이다. 오랫동안 멍게와 부대끼며 살아온 지역 사람들이
부르던 이름이 우렁쉥이보다 널리 퍼지면서 표준어로 자리 잡았다. 양식을 시작한 1970년
대부터 흔해지다 보니 오랫동안 멍게는 메인 요리가 나오기 전에 맛보는 곁가지 메뉴에 불
과했다. 그러나 여러 해초와 함께 쓱쓱 비벼 먹는 멍게비빔밥 등장 이후 위상이 달라졌다.
다채로운 메뉴로 온 매력을 뽐내는 멍게는 이제 명실공히 바다맛의 주인공이다.

오랜 세월 지역민과 함께해 온 이름

봄이면 통영 먼바다 두미도, 수우도, 욕지도는 동백꽃으로 출렁이고,
앞마당 한산만에는 붉은 멍게 꽃이 만발한다. 통영의 봄은 붉은 동백
과 멍게가 뭍으로 올라오면서 만개한다.

　멍게는 우렁쉥이의 경상도 말이다. 멍게 껍질에 원뿔처럼 돋은 붉
은 돌기가 꼭 꽃이 핀 모습이라 꽃멍게라고도 한다. 우렁쉥이보다는
멍게라는 이름이 입에서 입으로 퍼졌고 마침내 표준어로 자리 잡았
다. 통영 인근 바다에서 나는 멍게가 우리나라 전체 생산량의 70%를
차지하니 당연한 일이다. 이런 경우는 또 있다. 제주에서는 소라를 구
젱이라고 하지만 뭍에서는 피뿔고둥을 소라라고 한다. 그래서 많은

사람이 헷갈린다. 소라를 구젱이라고 하고 피뿔고둥을 소라라고 하면 되지 않을까?

지명도 그렇지만 해당 지역 사람들이 생물 이름을 붙일 때는 특징을 꼭 집어 짓는 경우가 많다. 오랫동안 해당 생물과 더불어 살며 특징을 잘 알기 때문이다. 그러므로 전통지식을 고려하지 않고 생물 이름을 한자 이름으로 바꾸거나 지역 이름을 무시하는 것은 일종의 폭력이나 다름없다.

영어권에서는 바다의 물총(sea squirt)이라 한다. 입수공으로 물을 빨아들이고 출수공으로 내뿜으며 산소를 흡수하고 플랑크톤을 걸러 먹기 때문이다. 실제로 양식장에서 보니 주먹 크기만 한 멍게가 주렁주렁 매달린 줄을 끌어올리자 물을 쏘아 댔다.

멍게는 해초강에 속하는 척삭동물이다. 척삭은 척추 이전 단계로 몸을 지탱하는 유연한 줄기(심지)를 가리킨다. 척삭동물은 다시 3가지로 나눈다. 포유류나 조류, 어류, 양서류처럼 척삭이 척추로 바뀌면 척추동물, 꼬리에 있으면 미삭동물, 머리에 있으면 두삭동물이다. 멍게는 이 중 미삭동물이며, 척삭 단계에서 성체가 되고 다 자라면 척삭, 신경관, 소화기 뒷부분이 퇴화한다. 참고로 포유류인 사람은 성장하면서 척삭이 퇴화하고 척추가 생기며, 창고기 같은 두삭동물은 평생 척삭이 그대로 있다. '바다에서 걸어 나온 인간'이라는 표현을 자주 듣긴 하지만 사람이 멍게와도 사촌일 수 있다는 사실은 놀랍다.

암수한몸이며 옆으로 납작해 머리와 몸뚱이를 구분하기가 어렵다. 멍게 부착기관을 잘라 조심스럽게 아가미를 꺼내 보면 흰색과 검은색 기관이 있다. 흰 게 정자고 검은 게 난자다. 어미 몸에서 새로운 개

어민들이 양식장에서 멍게를 끌
어올리고 있다. 이럴 때 멍게는
마치 물총처럼 물을 쏘아 댄다.

멍게는 사람과 같은 척삭동물이다. 비록 생김새는 아주 다르지만 사람과 멍게는 넓게 보면 사촌지간이라 할 수도 있다.

체가 솟아나는 무성생식과 출수공으로 나온 알과 정자가 수정하는 유성생식이 모두 가능하다.

산란과 수정은 보통 10월에 이루어진다. 멍게 유생은 올챙이 모양으로 바다에 떠다닌다. 어느 정도 자라 일정한 시기가 되면 암초나 해초에 붙어 자란다. 언뜻 보면 해조류 포자 같다. 그래서 멍게 양식은 가리비, 굴과 마찬가지로 수하식이다. 전 세계에 분포하며 우리나라에는 70여 종이 살고 식용으로는 멍게, 비단멍게, 돌멍게(끈멍게)가 대표적이다.

바다에 주렁주렁 달린 붉은 꽃

통영 두미도로 향하는 배를 타고 가다 어선 꽁무니에 꼬리처럼 매달려 물속에서 너울너울 춤을 추는 붉은 줄을 발견했다. 처음에는 양식장에 설치하려고 시설을 만들어 가지고 가는 모양이라고 생각했다. 그런데 그게 아니라 멍게를 양식장에서 작업장으로 옮기는 모습이었다. 통영 바다에서도 한산대첩 격전지인 한산도, 화도, 방화섬 일대가 주요 멍게 양식지다.

멍게는 우리나라 전역에 분포하지만 바다 속 암초와 해초에 붙어 자라기 때문에 양식을 하기 전까지는 해녀나 잠수부가 바다에 들어가서 잡아야 했다. 그래서 귀하고 값이 비쌀 수밖에 없었다. 서민들이 쉽게 멍게를 맛보게 된 것은 1970년대 이후 남해안을 중심으로 양식을 시작하면서부터다.

통영 미륵도와 오비도 사이에 있는 멍게 양식장이다. 통영과 거제 사이에 있는 양식장에서는 대부분 굴이나 멍게를 키운다.

양식 과정은 먼저 수정된 멍게 유생을 인공 구조물에 붙인다. 그 구조물이 '섶'이나 '꽘사'다. 코코넛 열매 껍질이나 야자수 껍질을 꼬아 만든다. 유생이 줄에 붙으면 5~6개월 더 키우고(채묘), 1년 정도 지나면 새끼손톱만 한 멍게로 자란다. 통영 바다, 특히 학산면 앞바다가 멍게 채묘 장소로 유명하다.

이듬해 여름, 채묘된 줄을 양식장 멍게 봉에다 감는다. 어민들은 이 작업을 '봉 작업'이라 부른다. 한 사람이 몸줄을 돌리고 또 한 사람이 꽘사를 감는다. 2년쯤 되면 손가락, 3년 정도 되면 손바닥 크기만 하게 자란다. 크기는 물론 맛과 향도 이때가 으뜸이다. 그러니까 산란 후 3년 만에 수확을 하는 셈이다. 수명은 보통 5~6년이다.

멍게가 다 자라면 양식 줄을 작업장으로 가져와 깨끗하게 세척한 다음 줄에 주렁주렁 매달린 멍게를 뜯어낸다. 옛날에는 사람이 양식 줄을 바닥에 내리치며 털어 내거나 일일이 손으로 뜯어냈지만 지금은 기계를 쓴다. 그리고 크기나 상태를 보면서 상품성이 있는 것과 없는 것을 분류한다. 통영시 미륵도 연안에 떠 있는 대형 바지선은 대부분 이런 멍게 작업장이다.

그런데 상품성이 최고인 3년 무렵부터 물렁병이 발생하곤 해 양식 어민들의 고민이 크다. 일본산 멍게와 경쟁하려면 꼭 극복해야 하는 과제다. 현재 우리나라는 세계 멍게 생산량의 90% 이상을 차지하지만 이는 2011년 동일본 대지진이 일어난 이후부터의 일이다. 동일본 대지진 전까지만 해도 일본이 세계 멍게 생산량의 60%를 차지했고 주요 수입국은 우리나라였다. 조만간 일본 멍게 양식장은 완전 복구될 예정이라고 한다.

옛날에는 사람이 양식줄을 바닥에 내리치며 멍게를 털거나 손으로 뜯었지만 지금은 기계를 이용한다.

멍게를 뜯어내는 기계

사진 제공: 통영인뉴스 김상현 기자

줄에서 뜯어낸 멍게를 상품이 될 만한 것과 아닌 것으로 분류한다.

조연 멍게의 반란

영도 흰여울마을에 갔을 때 일이다. 마침 해녀 몇 분이 물질을 끝내고서 잡은 것을 팔고 있었다. 테왁을 지고 나오는 한 해녀를 부축하는 아들은 어머니가 '상군'이라며 자랑했다. 깊은 바다까지 들어가 돌멍게를 잡아 왔다는 것이다. 상군은 물질 잘하는 해녀를 가리키는 말이다. 그러다 무심코 옆에 있던 할머니의 테왁을 봤다. 맵싸리고둥과 미역뿐이었다. 나이 탓에 얕은 바다에서만 물질할 수밖에 없었으리라. 그래도 할머니 역시 한때는 상군이었겠지.

돌멍게(끈멍게)와 비단멍게는 양식하지 않는다. 그래서 양식하기 이전 우렁쉥이가 그러했듯 바다 속에 들어가 바위에 붙은 것을 잡아야 하기에 비싸게 팔린다.

돌처럼 생긴 돌멍게는 생김새와 색깔 때문에 흔히 먹는 멍게와 확연히 차이가 난다. 2월 무렵에 해삼과 함께 물질해서 잡는다. 우렁쉥이

돌멍게와 비단멍게(아래)

돌멍게. 양식이 불가능하지는 않지만 경제성이 떨어져 양식하지 않는다. 그래서 시중에 유통되는 돌멍게는 자연산이다.

보다 달짝지근하며 향이 더 강하다. 멍게 껍질을 잔 삼아 소주를 따르면 향이 더욱 우러나는 멍게주가 된다. 비단멍게를 먹을 때는 보통 먼저 저온 숙성해 비린 맛을 제거한다. 그러면 달콤 쌉쌀한 맛이 나며 먹고 난 후에도 그 맛이 오랫동안 입 안에 여운으로 남는다.

멍게된장국

멍게를 자세히 보면 양식산과 자연산이 다르다. 양식산은 전체적으로 동그랗지만 자연산은 뿌리 쪽이 좁고 바위에 붙어 있던 흔적이 남아 있다.

멍게, 해삼, 개불 회 세트

멍게는 수온이 올라가는 봄철부터 8월까지가 맛이 가장 좋다. 또한 이 무렵에는 멍게에 많은 글리코겐이 겨울보다 몇 배나 더 많아진다. 싱싱한 멍게는 껍질이 붉고 속이 꽉 차 있다.

멍게비빔밥 한상차림

"와. 예술이다." 멍게비빔밥을 주문한 옆자리 여행객이 밥상을 보고 탄성을 지른다. 핸드폰과 카메라를 꺼내 사진을 찍느라 먹는 것도 잊었다. 지금이야 카메라 단독 샷을 받는 귀한 몸이지만 사실 멍게는 밥상에서나 술상에서나 주인공이 아니었다. 메인 요리를 준비하는 사이 내놓

멍게젓갈

는 음식이거나 곁에서 구색을 맞추는 정도였다.

묵묵히 밥상과 술상 가장자리를 지키던 멍게가 주목받기 시작한 것은 멍게비빔밥 덕분이다. 물론 20여 년 전부터 따뜻한 밥에 멍게를 올리고 김 가루, 채소 등을 넣고 참기름을 둘러 쓱쓱 비벼 먹는 비빔밥은 있었다. 식당 메뉴에도 올랐지만 주연 자리는 멀고 험했다. 봄에는 도다리쑥국, 가을에는 전어, 겨울에는 물메기탕에 치여 명함도 내밀지 못했다.

그런 멍게가 주연 자리에 오른 것은 통영 음식을 연구하는 이상희 사진작가의 노력 덕분이다. 충청도 출신인 그는 통영과 세종에서 '멍게가'라는 식당을 운영하며 통영 음식의 뿌리를 찾고 있다. 통영 사람보다 더 통영을 사랑하는 그를 보면 제주를 사랑했던 김영갑이 생각난다.

멍게비빔밥은 멍게를 중심으로 하되 채소 대신 톳, 세모가사리, 김 등 해초를 넣어 향과 멋을 더했다. 멍게의 반란은 여기서 그치지 않는다. 이미 알려진 멍게젓갈은 더욱 고급스럽게 변신했고 멍게잡채, 멍게된장국, 멍게부침개, 멍게비빔국수에 컵라면처럼 손쉽게 먹을 수 있는 멍게컵밥까지 나왔다. 멍게의 다음 반란은 어떤 모습일지 벌써부터 기대된다.

멍게비빔국수

멍게컵밥

멍게전

붕장어

어머니가 끝끝내
'짱애'를 팔지 않은 이유

장어는 맛있고 몸에도 좋아 사랑받는 보양식이다. 그중에서도 붕장어는 맛과 영양이 여느
장어에 뒤지지 않으면서도 가격은 더 저렴하니 그야말로 '착한 음식'이다. 구이는 물론 탕,
추어탕, 회로도 즐길 수 있다. 올 여름에는 붕장어로 복달임하는 것은 어떨까.

물과 뭍을 가리지 않고 달리는 바다의 갱

"짱애는 안 팔아요." 선착장에서 낚시를 하던 남자가 단호히 거절하는
어머니 뒤를 한사코 따라붙었다. 웃돈까지 얹어 주겠다면서. 남자는
이미 농어와 우럭을 챙겼지만 어른 팔뚝만큼 굵은 장어가 더 욕심이
난 모양이다. 흥정은 어머니 집까지 이어졌다. 어머니는 낚시꾼 보란

듯이 장어를 꺼내 숨을 끊은 후 도마
에 거꾸로 박힌 못에 머리를 꿰더니
익숙한 솜씨로 내장과 뼈를 발라내
깨끗하게 씻은 후 햇볕이 잘 드는 건
조대에 널었다. 낚시꾼은 쩝쩝 입맛
을 다시더니 선착장으로 돌아갔다.
낚시꾼이 사고 싶어 안달이던 장어

붕장어가 채 마르지도 않았는데 맛을 아는 주민이 와서 달
라 한다. 안 팔 수도 없고 해서 덤으로 몇 마리 더 넣는다.

붕장어는 말리면 맛이 더욱 깊어진다.
돈벌이가 아니라 자식에게 주려고 말리기에 그 맛이 더 깊은지 모른다.

붕장어

갯장어

붕장어와 갯장어 입 모양 차이

는 붕장어였다.

가만, 그러고 보니 이와 똑같은 상황을 언젠가 본 적이 있다. 진도 작은 선창에서였다. 그때도 팔라는 낚시꾼과 팔지 않겠다는 어부의 흥정이 한참동안 계속되었다. 그 장어는 갯장어였다.

붕장어와 갯장어는 언뜻 보면 생김새가 비슷하다. 둘 다 눈도 크다. 그러나 붕장어는 머리가 유선형이고 주둥이가 짧으며 이빨이 날카롭지 않은 반면 갯장어는 머리가 삼각형이고 주둥이가 길며 송곳니가 날카롭다. 『자산어보』에서도 갯장어를 '개 이빨을 가진 장어'라고 해서 견아리라고 했다. 참고로 붕장어는 뱀장어에 비해 크게 자란다고 해서 해대리라고 했다. 갯장어는 물론 뱀장어와도 구별되는 붕장어의 가장 큰 특징은 꼬리에서 머리로 이어지는 옆 줄 무늬에 흰 구멍이 뚜렷하고 그 위로 또 구멍이 한 줄 있다는 점이다.

붕장어는 뱀장어목에 속하는 바닷물고기다. 우리나라에는 붕장어는 물론 갯장어, 뱀장어, 먹장어, 꼼장어 등 20여 종이 산다. 모두 몸이 가늘고 길며 배지느러미가 없어 물고기처럼 헤엄치지 못하고 뱀처럼 갈 지(之)자로 유영한다. 물속에서만 아니라 뭍에 나와서도 같은 방법으로 재빠르게 이동한다. 그래서 『자산어보』에도 "보통 물고기가 물에서 나오면 달리지 못하나 이 물고기는 곧잘 달린다"고 기록되어 있다.

이 중 평생 민물에서만 사는 장어는 없다. 그럼 평생 바다에서만 사는 장어는 있을까? 민물에서 자라고 바다에서 산란하는 뱀장어(민물장어)를 제외하면 사실 모두 바다에만 산다. 그래서 유일하게 양식이 가능한 것도 뱀장어다. 바다에서 강으로 돌아오는 새끼 뱀장어를 잡아서 양식한다.

붕장어는 완전히 자라는 데 8년 정도 걸린다. 어릴 때는 내만에서 자라다 4년이 지나면 먼바다로 나가 알을 낳으며 10년 정도 산다. 특히 해조류가 많은 모래와 펄을 좋아한다. 낮에는 모래나 펄에 몸을 숨기고 머리만 내놓은 채 있다가 밤이면 지나가는 멸치, 까나리, 새우, 게 등을 습격한다. 그래서 바다의 갱(gang)이라는 별명을 얻었다.

선장의 경험과 육감만으로 잡을 수 있는 생선

붕장어는 동해, 서해, 남해, 제주에 이르기까지 우리나라 모든 해역에서 잡히지만 전체 어획량의 절반 이상은 통영, 거제, 남해에서 소화한다. 가을부터 이듬해 봄에 많이 잡히며 낚시로 잡기도 하지만 통발을 더 많이 이용한다. 붕장어를 잡을 때는 70~100㎞나 되는 몸줄에 통발 7,000~13,000개를 단다. 투망에만 7~8시간이 걸리며 한번 조업을 나가면 보통 10여 일간 작업한다. 붕장어는 갯벌 속에 있기에 어군 탐지기로도 확인되지 않는다. 그래서 오로지 선장의 경험과 육감만으로 통발을 놓아야 한다. 오후에 통발을 바다에 넣고 붕장어가 활동하는 밤까지 기다렸다가 새벽에 통발을 걷는다.

통영에서는 잡은 붕장어를 대나무 활어조에 보관한다. 활어조는 대나무 항아리로 수족관 대신 쓰는 수조이고 통영 사람들은 이를 '뻬구통'이라 부른다. 오비도 들어가는 길에 큰 마을 입구 바지선 위에 뻬구통이 놓인 것을 봤다. 어른 키 높이만큼 높고 두세 사람이 손을 잡

전어를 썰어 미끼로 끼우며 장어잡이를 준비하는 부부. 지붕 위 걸대에서는 며칠 전에 잡은 붕장어가 꾸덕꾸덕 말라 간다. 담 너머 앞이 바다다.

아야 안을 수 있을 만큼 컸다. 보관하는 붕장어 무게가 무려 500kg에 이른다고 했다.

붕장어는 힘이 세고 미끄러워 손에 잘 잡히지 않기 때문에 손질하기도 쉽지가 않다고 하는데, 진도 팽목항에서 돌미역으로 유명한 독거도로 가는 배에서는 이런 일이 있었다. 중간에 고기잡이배가 다가오더니 붕장어가 가득 담긴 자루를 던져 주고 갔다. 화장(요리를 담당하는 선원)이 올라오더니 도마를 내놓고 손질하기 시작했다. 먼저 붕장어 머리 아랫부분을 반쯤 잘라 숨을 끊었다. 그리고 도마 오른쪽 끝에 거꾸로 박힌 못에 눈을 박은 다음 척추를 따라 몸을 갈랐다. 하얀 배를 중심으로 몸을 좌우로 펼치고서 안에 든 내장을 꺼내고 등뼈도 제거한 뒤 칼로 속을 한번 훑더니 손질을 끝냈다. 그 어렵다는 붕장어 손질을 손놀림 세 번 만에 끝낸 것이다. 손질한 붕장어는 배 위에서 말린 다음 구이나 조림을 할 때 쓴다. 배 오징어는 들어 봤지만 배 장어라니, 그 맛이 궁금하다.

붕장어 한 점에 어머니 사랑 두 숟갈, 젊은 날 추억 한 숟갈

『한국수산지』(1908~1911)에 "남해에 많지만 일부러 잡지 않았다"고 기록된 것으로 보아 일제강점기 이전에 우리나라 사람들은 붕장어를 즐겨 먹지는 않았던 것 같다. 일제강점기 이후 일본인이 대거 유입되면서 그들 입맛에 맞춰 등장한 먹거리인 것으로 보인다. 대마도의 유명한 붕장어집에서는 붕장어덮밥, 붕장어햄버거, 붕장어된장, 붕

잡은 장어를 담아 놓던 옛날 수족관을 통영에서는 삐구통이라 한다. 통영시 산양읍 오비도 앞바다에서 봤다.

충주에 있는 한국어구박물관(관장 유철수)에서 통영에서 본 것과 같은 삐구통을 다시 봤다.

대나무로 만든 옛날 장어 통발

플라스틱 장어 통발의 등장은 장어에게는 불행의 시작이었다. 먼바다에서도 장어잡이가 가능해졌기 때문이다. 그것도 대량으로.

독거도로 가는 여객선 옆을 지나던 어장배 선장이 자루 하나를 던졌다. 화장이 받아 보니 붕장어다. 바로 손질해 배에서 말린다. 식고미로 쓸 생각이다.

63

장어밥, 붕장어달걀찜, 붕장어만두, 붕장어라면 등 다양한 메뉴를 판매한다.

지금까지 먹어 본 붕장어 요리 중 가장 인상 깊었던 것은 통영 '시락국'이다. 처음 시락국이라는 말을 들었을 때는 '씰가리국'과 비슷할 거라 생각했다. 산골에 살던 어린 시절에 자주 먹었던 씰가리국은 삶은 시래기에 된장을 넣고 끓인 국이다. 씰가리는 무청이나 배추잎을 말린 것을 뜻하는 전라도 말이다. 너무 자주 먹은 탓에 씰가리 끓이는 냄새만 나도 싫었다. 그런데 통영 시락국은 씰가리국과 달랐다. 회나 다른 요리에 쓰고 남은 머리와 뼈 등 장어 부산물을 솥에 넣고 푹 고아 국물을 낸 다음 여기에 시래기를 넣고 끓인다.

통영 여객선 터미널에 가면 원조 시락국집이 있다. 새벽 시장에서

통영 시락국. 붕장어 머리와 뼈로 국물을 낸 국으로, 아침에 시장 사람들 끼니를 해결하는 데 내놓은 것이 시초라고 한다. 지금은 통영을 대표하는 음식이 되었지만 여전히 값은 저렴하다.

일하는 사람들이 와서 간편하면서도 든든하게 한 끼를 해결할 수 있고, 막걸리도 잔술로 마실 수 있는 곳이다. 가격도 착해서 만 원짜리 한 장이면 두 사람이 먹을 수 있다. 이보다 착한 음식이 또 있을까. 식탁 사이에 반찬도 여러 가지 놓여 있어 편하게 덜어 먹을 수 있다. 가게가 넓지 않은 탓에 다닥다닥 붙어 앉아야 하고, 사람이 많으면 같이 온 일행도 떨어져 앉아야 하지만 싫은 기색을 하는 사람은 없다.

통영 학림도를 돌아보고서 저녁을 먹으러 시락국집으로 향했다. 시락국에 도산막걸리 한잔할 생각하니 가는 길이 흥겨웠다. 주차장에 차를 두고 나오다 마침 시락국집 어머니를 만났다. 그런데 어머니는 "점심까지 할끼고 저녁 전에는 닫을 낀대"라고 했다. 새벽에 문을 열기에 저녁 전에는 가게를 닫는다는 것이다. 그러고 보니 이 집에는 늘

서호시장 안에 있는 시락국집이다. 이른 새벽에 문을 여는 대신 일찍 문을 닫는다. 저녁을 일찍 먹으려면 확인하고 가야 한다.

새벽이나 점심에 들렀지 저녁에 온 적이 없었다.

여수 통장어탕도 추천할 만하다. 붕장어를 통으로 툭툭 잘라 형태가 남아 있다. 징그럽다고 하는 사람도 있지만 맛이 훨씬 좋다는 사람이 많다. 여수 갯장어(하모)데침도 유명하지만 여수 통장어탕도 못지않게 알려졌다. 붕장어를 푹 삶아 뼈를 건져 낸 다음 야채를 넣고 끓이는 붕장어추어탕도 있다.

덕적도 장어탕

구례 장어탕

고흥 나로도 장어탕

여수 통장어탕

장흥 회진 장어볶음

여수 장어소금구이

마산 한 식당에서 꼼장어구이가 맛있다는 주인 권유로 시켰다. 그런데 가져온 요리를 보니 붕장어양념구이였다. 이곳에서는 붕장어, 보통 아나고라 부르는 장어를 꼼장어라 한다.

천리포 근처 식당에서 개발했다고 알려진 아나고두루치기

대학 시절, 취직한 선배들이 큰마음 먹고 남광주 횟집에서 사주던 '아나고회(붕장어회)'다. 저렴하고 양도 많으며 씹는 맛이 좋다.

붕장어회는 또 어떤가. 지금처럼 광어나 우럭 양식이 많지 않던 때 아나고회를 안주 삼아 마시는 소주는 정말 최고였다. 직장을 잡은 선배들이 한턱 쏠 때 데리고 가는 곳도 남광주 시장 아나고 횟집이었다. 전라선 길목에 있어 여수에서 올라오는 수산물이 남광주 시장으로 쏟아지던 시절이었다. 그때 먹었던 붕장어회의 고소함은 지금도 잊을 수 없다.

장어볶음을 가장 맛있게 먹었던 곳은 장흥 회진의 버스터미널 근처 식당이다. 밑반찬인 멸치볶음, 고둥무침, 열무물김치, 감자볶음, 생선구이, 꼴뚜기볶음과 함께 반쯤 말린 붕장어볶음이 나왔다. 지금 생각해도 군침이 도는 맛이다.

그래도 장어하면 역시 구이다. 흔히 민물장어구이를 많이 먹지만 붕장어구이도 못지않다. 소금구이나 양념구이 모두 가능하고 효능면에서도 뒤지지 않는데 값은 더 저렴하다. 여름을 건강히 나려고 찾는 장어 중에서 가격과 효능으로 따지면 붕장어만한 것이 있을까? 어머니가 한사코 따라붙는 낚시꾼에게 '짱애'를 팔지 않은 것도 객지에 사는 몸이 허한 아들 때문이었다.

미더덕 양식 섬으로 알려진 진동만 양도, 송도 너머로 해가 진다.

미더덕
바다맛의 오래된 미래

미더덕하면 흔히 찌개나 국을 끓일 때 넣는 국물내기용이라는 인상이 강하다. 그러나 미더덕 주산지인 진동만 고현마을 주민들이 거듭한 노력 덕분에 요즘은 부재료가 아닌 번듯한 주요리로 자리매김하고 있으며, 미더덕에 함유된 성분의 효과가 알려지면서 다이어트식, 건강식으로도 인기를 끌고 있다. 이는 사람들로 하여금 다양한 미더덕 요리를 즐길 수 있게 했을 뿐 아니라 특정 식재료에만 집중해 온 우리나라 수산 정책에 신선하고 좋은 선례를 남겼다는 점에서도 뜻깊다.

미더덕 고향, 고현마을

미더덕을 이야기할 때 꼭 챙겨야 하는 마을이 있다. 경남 창원시 마산합포구 진동면 고현마을이다. 옛날 현(古縣)이 있던 곳이라 고현이라 부른다. 전국 미더덕 생산량의 70~80%를 차지하면서 미더덕마을로 알려졌다. 진북면에 이르면 미더덕마을을 알리는 조형물도 있다. 1919년 4월 3일에는 고현마을이 중심이 되어 진동, 진북, 진전 3개면이 항일운동을 펼치기도 했다. 이를 '삼진의거'라고 한다.

고현마을은 김려가 유배 생활한 진전면 율티리 안밤치골에서 직선으로 5리(약 2㎞) 거리에 있다. 율티리 바다는 창포만이라 부르고, 고현리 바다는 진동만이라 부른다. 두 마을은 매립과 간척이 있기 전에는 바다와 갯벌로 둘러싸인 섬마을이었다. 진해만에서 밀려오는 파

도와 바람은 송도와 양도라는 작은 섬이 막아 주고, 태평양에서 밀려
오는 큰 파도와 태풍은 칠천도와 거제도가 막아 줬다.

옛날에는 대개 물질을 하거나 조간대에 가서 미더덕을 채취했다.
1970년대부터 미더덕이 피조개 양식 그물에 붙어 자라기 시작했는
데, 당시 어민들은 미더덕을 양식장을 망치는 해적 생물로 인식했다.
진동만은 수심이 깊지 않고 수온도 적당하며 미더덕이 좋아하는 플
랑크톤이 풍부하다. 1980년대부터 본격적으로 미더덕 양식을 시작했
으나 다른 양식을 하는 어민의 시선은 곱지 않았다. 그래서 미더덕 양
식을 하는 사람들이 다른 양식 어민들을 고발하는 사태까지 생기기
도 했다. 다행히 미더덕 양식 어민들과 수산기관의 노력으로 1990년
에 마침내 양식 허가를 얻었다.

고현마을 주민들이 미더덕 껍질을 벗기고 있다. 칼로 하나하나 껍질을 벗겨야 하기에 더디고 손이 많이 간다.

지금 고현마을에서 미더덕은 없어
서는 안 될 효자이자 특산물이며 집
안 제사에도 올리는 귀한 해산물이
다. 그래서 주민들은 미더덕을 더욱
널리 알리고자 미더덕축제를 열고 미
더덕 요리도 개발하는 등 노력을 멈
추지 않고 있다. 미더덕 회무침, 덮
밥, 찜이 대표 요리다. 이외에도 미더
덕 완자전, 팔보채, 국밥, 젓갈 등이

미더덕덮밥. 미더덕마을에서만 맛볼 수 있는 요리다. 미더덕 껍질을 벗기고 칼집을 내서 물을 빼면 노란 속살이 나온다. 향은 멍게와 비슷하다. 속살을 가볍게 다지면 주재료 준비는 끝이다. 따뜻한 밥에 김가루를 올리고 참깨를 얹고 참기름을 두르면 된다. 기호에 따라 무나 깻잎 등 채소를 넣어 비빈다.

있다. 봄철에 고현마을을 찾으면 선창 작업선에서 주민들이 채취해 온
미더덕 껍질을 씻고 벗기는 모습을 볼 수 있다. 또한 고현마을은 어촌
체험마을이기도 해서 통발낚시, 갯벌, 횃불고기잡이, 선상낚시 체험도
할 수 있다.

그동안 우리나라 수산이나 식생활 정책은 특정 식재료에만 집중해
온 탓에 생물다양성이나 맛의 다양성을 해치는 결과를 초래했다. 다
행히 진동만은 지역 부가가치를 높이는 방법으로 미더덕 요리를 선
택했고 덕분에 미더덕은 정책 병폐 속에서도 주연으로 성장할 수 있
었다. 급증하는 수요에 따라 양식도 늘었다.

얼마 전 일본 나라 지역의 아와(あわ)마을을 방문한 적이 있다. 아와
는 일본어로 벼과 식물인 조를 뜻한다. 이 마을에서는 토종 씨앗을 보
전하고자 레스토랑을 운영한다. 지역 농민이 보관해 온 토종 씨앗을
조사해 논과 밭에 심고 수확한 것으로 요리한다. 산골 마을에 있는 레
스토랑이지만 예약을 하지 않으면 식사하기 어려울 정도다. 진동만

미더덕 요리가 주목받은 것도 같은 원리다. 보전은 쓰임새를 만들어야 가능하다.

호두를 닮은 오만둥이

미더덕은 해초강 미더덕과에 속하는 멍게류다. 미더덕과에는 미더덕, 주름미더덕, 오만둥이 등이 있다. 우리나라 주산지는 남해 연안이지만 모든 바다 조하대 바닥이나 바위, 어망, 밧줄 등에 붙어산다. 우리나라뿐 아니라 태평양 연안인 오호츠크, 일본, 북중국 해변이 원산지인 것으로 보이나 요즘에는 호주, 뉴질랜드, 유럽 바다에서도 확인된다. 아마도 선체에 붙어 퍼졌으리라 추정한다.

주로 바위나 선박 밑에 작은 방망이 같은 자루를 붙이고 자라기에 굴이나 해조류 양식 어민에게는 불청객 취급을 받는다. 미국이나 캐나다에서도 푸대접을 받는 신세다. 플랑크톤을 싹쓸이해 굴 양식장을 거덜 내고 어구나 보트에 달라붙기 때문이다. 그래서 '아시아 멍게'로 불리는 미더덕은 유해종으로 분류된다고 한다.

『자산어보』에서는 미더덕을 한자로 음충, 속어로 오만동이라 하며 '꼬리가 긴 것'과 '호두를 닮은 것' 두 종류가 있다고 했다. 꼬리가 긴 것은 미더덕이고, 호두를 닮은 것은 오만둥이다. 아울러 고현마을 주민은 미더덕을 참미더덕, 오만둥이를 배미더덕이라 부른다. 미더덕은 꼬리를 갯바위에 붙여 자라고, 배미더덕은 몸(배)을 붙이고 자라기 때문이라 한다.

정명현이 옮긴 『자산어보』 내용을 조금 더 살펴보자.

미더덕(참미더덕)

오만둥이(배미더덕)

"형상은 남자 성기와 비슷하다. 입이 없고 구멍도 없으며, 물에서 나와도 죽지 않는다. 볕에 말리면 빈 주머니처럼 우그러지고 쭈그러 든다. 손으로 쓰다듬으면 잠시 뒤에 몸이 부풀어 올라 땀구멍에서 땀 이 나오듯 즙을 내는데, 실이나 머리카락처럼 가늘면서 좌우로 날리 면서 쏜다. 머리는 크고 꼬리는 줄어들어 꼬리로 바위 위에 들러붙는 다. 회색이면서 누렇다. 전복을 채취할 때 간혹 얻게 된다. 양기를 보 하는 효과가 크므로 음란한 이들이 말려서 약에 넣는다. 또 호두와 비 슷한 종이 있는데 어떤 이는 오만둥이 암컷이라고도 한다."

오만둥이는 호두처럼 동그랗고 겉에 볼록볼록한 돌기가 있으니 위 설명에 나오는 오만둥이 암컷은 오만둥이가 맞다.

오만둥이는 오만디, 만득이, 만디기 등으로 불리며, 이는 오만 곳에

미더덕과 오만둥이 비교. 1~2번 나이든 미더덕(돌기가 도드라지고 꼬리에 잔털이 있음), 3~6번 젊은 미더덕(돌기가 없거나 흔적만 있고 꼬리에 잔털이 없음), 7~10번 오만둥이(꼬리가 없음)

붙어서 잘 자란다는 뜻이다. 미더덕보다 성장 속도가 빨라 2~3개월이면 다 자라며, 늦겨울과 봄에만 볼 수 있는 미더덕과 달리 사계절 볼 수 있다. 미더덕은 껍질이 질겨 벗겨서 먹어야 하지만 오만둥이는 부드러워 통째로 먹을 수 있다. 그래서 일일이 껍질을 벗겨야 하는 미더덕보다 가격도 두세 배 싸다. 이러한 차이 때문에 오만둥이가 미더덕 자리를 넘보고 있다. 된장국이나 해장국, 매운탕에 든 것도 사실 오만둥이인 경우가 많다.

된장찌개 속 미더덕은 잊어라!

오만둥이가 미더덕을 대신하는 추세가 높아지고 있지만 여전히 미더덕은 좋은 식재료다. 열량과 콜레스테롤 함유량은 낮고 비타민, 철분, 불포화지방산이 들어 있어 다이어트식, 건강식으로 인기다. 몸통이 통통하고 단단하며 반질반질하고, 황갈색 또는 붉은색을 띠며 향이 강한 것이 신선한 미더덕이다. 봄이 제철이고 클수록 맛도 좋고 향도 좋다. 바로 먹지 않으려면 미더덕 막을 터뜨려 물기를 뺀 다음 비닐 팩에 넣어 냉동 보관한다.

사실 다른 바다생물도 마찬가지지만 미더덕도 요즘은 요리하기 좋게 손질해서 포장 판매를 하다 보니 산지에 가지 않으면 제 모습을 보기 어렵다. 제대로 된 미더덕을 보려면 남해안 어시장으로 가야 한다. 특히 통영 중앙시장 골목에서는 미더덕 껍질을 벗기는 상인을 쉽게 만날 수 있다. 잠깐 손놀림에 황금빛 속살이 드러난다. 내장까지 꺼내 갈무리하기도 하고, 그냥 껍질만 벗긴 채로 팔기도 한다.

신선한 미더덕은 몸통이 통통하고 단단하며 반질반질하고, 황갈색 또는 붉은색을 띠며 향이 강하다.

미더덕 내장을 제거하는 손과 칼이 어머니의 삶을 그대로 말해준다.

오랫동안 미더덕은 찌개나 국, 탕을 끓일 때 국물을 내거나 찜에 넣는 부재료쯤으로 여겨져 왔다. 그러나 앞서 고현마을 사례에서도 언급했듯이 이제 미더덕은 그 자체로도 훌륭한 요리로 발돋움했다.

남해나 통영, 고현마을에서는 봄철 별미로 미더덕회를 즐긴다. 껍질을 벗기고 내장을 제거한 다음 속살만 발라내 먹는다. 미더덕회를 초장에 버무린 미더덕무침, 그걸 밥에 넣고 쓱쓱 비벼 먹는 미더덕비빔밥도 맛있다. 미더덕찜도 있다. 속살을 잘 갈무리한 미더덕을 살짝 데친 콩나물에 얹는다. 거기에 양념장을 넣고서 볶은 다음 양파, 대파, 미나리, 물에 갠 전분을 넣고 볶아 주면 완성이다.

미더덕 요리 중에서 가장 인상 깊었던 것은 여수 수산시장에서 본 미더덕젓갈이다. 미더덕을 갈아서 천일염을 넣고 숙성시킨 것이다. 따뜻한 밥에 참기름과 미더덕젓갈을 넣고 비벼 김에 싸서 먹으면 좋다. 고현마을 젓갈은 여수 젓갈과 또 다르다. 소금에 절인 미더덕에 대파, 마늘, 풋고추를 넣고 양념장으로 버무린 것이다.

미더덕회

오만둥이장

오만둥이장아찌. 진동면 고현마을이 주 생산지다. 오만둥이젓갈이라고도 한다. 입맛이 없을 때 이 장아찌 하나면 밥 한 그릇은 뚝딱이다.

여수 수산시장에서 구입한 미더덕젓이다. 미더덕을 갈아서 간을 한 다음 숙성시킨 것이다.

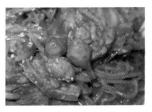

아귀찜에 반드시 들어가야 하는 것이 미더덕이다. 미더덕보다 저렴한 오만둥이를 넣기도 한다.

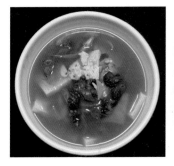

미더덕된장국

미더덕부침개

*김려는 안밤티에서 미더덕 맛을 봤을까?

미더덕 주산지인 고현리 옆 율티리는 조선 최초 어보인 『우해이어보』를 쓴 담정 김려의 유배지다. 율티리는 율티, 바깥밤티, 고재바우, 옥동 그리고 담정이 유배 생활을 한 것으로 알려진 안밤티 마을로 이루어진다. 마을 앞 갯벌은 1970년대에 매립되어 그 위에 국가정책으로 추진하던 새마을공장이 들어섰다. 그 때문에 이제 안밤티에서는 바다와 갯벌 대신 공장만 보일 뿐이지만 주민들은 옛날에 바다와 섬이 보이는 경치가 아주 좋았다고 기억한다.

안밤티에서 만난 70대 유 씨는 마을 앞에 바닷물이 들어오는 것을 막고 갯벌에 바닷물을 뿌리고서 소로 갯벌을 간 다음 흙에서 걸러 낸 짠물을 끓여 소금을 만들었다고 했다. 당시 율티리에는 가마가 4개나 있었다고 한다. 진해만 칠천도 사람들이 생선을 가지고 와서 소금과 바꿔 가고 함양 등 산골 사람들은 나무를 지고 와 소금과 바꿔 갔다. 자염을 생산하려면 땔감이 많이 필요했기 때문이다.

김려는 정조 4년(1780) 15세 때 성균관에 입학했다. 촉망받는 인재였던 김려는 1797년 강이천 유언비어사건에 연좌되어 부령(함경도)으로 유배되었다. 유배지에서 벼슬 아치들과는 반목하고 가난하고 신분이 낮은 이들과 교류하며 시를 지어 필화를 당하기도 했다. 이후 순조 1년(1801), 강이천 사건이 재조사되면서 이번에는 천주교도와 교분한 것을 빌미(신유사옥)로 다시 진해현(현재 진동, 진전면)으로 유배되었다. 이곳에서도 어민들과 친하게 교류하며 『우해이어보』를 남겼다.

『우해이어보』는 총 12권인 『담정유고』 제8권에 수록되어 있다. 인근 바다를 오가며 보고 들은 신비한 바다생물 이야기를 정리한 책으로 방어, 꽁치 등 어류 53종, 갑각류 8종, 패류 10종을 소개했다. 김려가 주목한 바다생물 중에 아쉽게 미더덕이나 오만둥이는 보이지 않는다. 그것 말고도 먹을 것이 지천이었던 탓일까. 그래서 율티리 어디에도 담정이 유배 생활을 했던 곳이라든지 『우해이어보』를 집필한 곳이라는 안내는 없다. 다만 진해시 음지도 어류생태관에서는 『우해이어보』 내용을 콘텐츠로 전시한다. '우해'는 진해의 옛 이름이다.

경남 진해만 랜드마크로 자리 잡은 진해해양공원.
이곳에는 『우해이어보』를 바탕으로 꾸민 어류생태
관이 있다.

서대

서대회에 막걸리 한잔이면
세상 부러울 게 없다

통영에 볼락이 있다면 여수에는 서대가 있다. 여수 사람들은 제사나 결혼식 같은 중요 집안 행사에 다른 건 몰라도 서대만큼은 꼭 올린다. 여수가 자랑하는 열 가지 맛 중에도 서대회가 있으며, 서대회는 꼭 여수에서 먹어야 한다는 말까지 있으니 여수 사람들의 서대 사랑을 알 만하다. 서대는 손질도 간단하고 몸이 납작해 보관하기도 쉽다. 그래서 보관해 두었다가 그때그때 꺼내 쓰기도 좋다.

생사의 경계

바다에서 직접 서대를 본 것은 행운이었다. 옹진군 장봉도 동만도 모래밭에서였다. 이곳은 모래갯벌이 발달해 백합과 동죽이 많이 산다. 새만금갯벌이 간척과 매립으로 사라진 후 우리나라를 대표하는 백합 서식지로 주목받는 곳이기도 하다.

물이 빠지기 전에 배를 타고 모래등으로 이동한 다음 배는 모래밭에 걸쳐 두고 물이 빠지

귀한 백합 서식처인 모래갯벌은 서대가 머무르며 먹이 활동하기 좋은 곳이다. 백합을 캐던 어민들은 썰물에 빠져나가지 못한 서대나 넙치를 곧잘 줍는다.

서대는 납작해 말리기 쉽고 차곡차곡 보관하기 좋다.
여수 섬마을 빨랫줄이나 건조대에서 가장 쉽게 볼 수 있는 생선이다.
손님이나 자식이 찾아왔을 때 쉽게 밥상에 올릴 수 있다.
명절에 자식에게 보낼 수 있는 엄마표 슬로피시(slow fish)이기도 하다.

기를 기다렸다. 성질 급한 주민들은 '끄렝이'를 들고 저벅저벅 물속을 거닐며 백합을 캤다. 이곳 끄렝이는 부안 '그레'와 다르다. 모래밭에 박고 끌어서 백합이 걸리는지를 살펴보는 것은 같지만 날과 몸을 연결하는 방식이 다르다. 끄렝이는 줄을 허리 벨트에 연결하지만 그레는 삼각형 나무로 받쳐서 어깨에 대고 허리 벨트에 연결한 줄을 끌면서 백합을 캔다.

동만도 서쪽 모래밭에서 '끄렝이'로 백합을 캐러 나선 어민들을 따라갔다 발견한 서대. 보호색을 띠고 모래밭에 납작 엎드려 물이 들어오기를 기다리고 있었다. 불행하게도 내 눈에 띄었다.

한동안 어민들을 쫓아다니며 사진도 찍고 궁금한 것도 물었다. 두어 시간이 지나니 그것도 싫증이 났다. 그렇다고 혼자 걸어 나갈 수 있는 것도 아니어서 갯벌생물 사진을 찍기 시작했다. 가시해삼, 범게 등 생각보다 많은 생물을 발견했다. 바로 그때 모래 갯벌에 납작 엎드린 서대를 봤다. 녀석의 은신술에 깜박 속아 그냥 지나갈 뻔했다. 녀석에게는 불행한 일이지만 나에게는 행운이었다. 모래와 똑같은 색으로 위장하고 누워 있으니 웬만해서는 발견하기 어렵다. 상당히 묵직하고 실한 녀석은 결국 저녁에 서대탕에 들어가는 신세가 되었다.

외눈박이 물고기처럼 사랑하고 싶다

서대는 가자미목에 속하는 서대아목 바닷물고기를 총칭하는 말이다. 가자미목에는 서대아목 외에 가자미류나 넙치류를 포함하는 가자미아목이 있다. 서대아목의 알은 긴 타원형이고 가자미아목의 알은 마름모꼴에 가까운 타원형이다. 서대는 납작하고 길며 입이 작고 눈 쪽으로 치우쳐 있다. 서대 종류로는 참서대, 각시서대, 납서대, 박대, 개서대 등이 있다. 이 중 가장 많이 먹는 것은 이름에서도 알 수 있듯이 참서대이고(우리가 흔히 서대라고 부르는 것), 여수에서는 개서대도 요리에 쓴다.

참서대과에는 참서대, 박대, 개서대, 용서대가 있고, 이 가운데서 박대는 참서대와 생김새가 비슷해 곧잘 헷갈린다. 박대는 군산과 서천이 마주하는 금강 하구에 많이 산다. 눈이 없는 쪽은 흰색이며 눈이 있는 쪽은 서식지인 갯벌이나 모래 색과 비슷한 보호색을 띤다. 서대는 회로 좋고 박대는 말려서 굽거나 쪄서 먹는 것이 좋다는 사람도 있다. 박대 껍질로 묵을 만들기도 한다.

참서대

박대

『자산어보』에서는 서대를 접어라고 하며 "소 혀를 닮았다"고 소개했고, 『전어지』에서는 "서남해에서 매년 4월 조기를 잡을 때 함께 그물에 들어온다"고 기록했다. 『난호어명고』에서는 설어라고 했으며 『재물보』에서는 비목어라 했다. 서대뿐 아니라 가자미류, 도다리, 넙치는 모두 눈이 좌우 한쪽으로 쏠려 있어 이들을 대개 비목어라 하며, 눈이 하나뿐이라 헤엄치려면 두 마리가 꼭 붙어 다녀야 한다. 류시화 시인은 비목어의 이런 모습을 알고 자신도 비목어처럼 사랑하는 이와 평생 붙어 있고 싶다고 생각해 시 「외눈박이 물고기의 사랑」을 썼는지도 모르겠다.

서대는 우리나라 서해와 남해에 많이 산다. 어획량을 봐도 여수, 목포 등 전남이 전체량의 절반을 차지하며 이어서 인천과 전북 순이다. 어획량은 1990년대 3,000~4,000톤이었으나 최근에는 절반으로 줄었다. 서대 주요 산지이자 소비지인 여수에서는 2016년 기준 어획량이 1/4로 줄었다. 어민들은 수온 상승을 어획량이 줄어든 이유로 들지만 사실 진짜 주범은 남획과 서식지 파괴다. 한편 한강 상류인 행주대교에서 전어와 함께 서대가 그물에 걸리는 일이 종종 있다. 이곳은 서해와 한강 경계인 김포시 용강리 유도에서 무려 34.2㎞ 떨어져 있다.

서대를 잡을 때는 저인망을 이용한다. 서대가 바닥에 납작 엎드려 있기 때문이다. 보통 20m가 되지 않는 그물을

각시서대 말리는 모습

서대를 잡는 지역에서는 늘 서대 말리는 모습을 볼 수 있다.

300~400개씩 가지고 나가 펼친다. 사리에 물길을 따라 그물을 내리고 물이 바뀌기를 기다린다. 낮에 내린 그물은 어둑해질 무렵부터 올리기 시작해 새벽으로 넘어갈 때까지 작업한다. 날이 새기 서너 시간 전에 포구에 도착해 경매 준비를 하고 다음날 출항을 위해 그물도 정리한다. 이것이 목포, 여수, 고흥 서대잡이의 일상이다. 이런 나날은 7월 금어기를 제외하고 6월에서부터 10월까지 이어진다. 이들 지역 어시장이나 포구 양지바른 곳 건조대 위에는 십중팔구 초등학생마냥 줄 맞춰 선 서대가 있다.

여수 사람들의 서대 사랑

통영은 볼락, 여수는 서대라고 할 만큼 여수 사람들은 서대를 좋아한다. 그러니 서대회는 여수에서 먹어야 한다는 말이 나왔으리라. 정말 여수 막걸리에 서대회 한 접시면 세상 부러울 게 없다. 그러니 식당과 막걸리를 파는 선술집에서 서대는 효자 중의 효자다. 게다가 여수에서는 조기 없이는 제사를 지내도 서대 없이는 지내지 않는다. 결혼식 때도 홍어는 없어도 서대는 꼭 챙긴다.

서대는 봄이 깊어 가면서부터 펄밭으로 올라온다. 제철은 늦여름에서 가을까지로 이 무렵 새벽에 문을 여는 교동시장에 가면 제철 서대를 만날 수 있다. 지금은 많이 사라졌지만 예전에는 이순신광장 주변에도 서대 횟집이 무척 많았다.

옛날에는 서대를 꾸덕꾸덕 말려 먹었다. 지금처럼 냉동 시설이 발달하지 않아 보관하려는 이유도 있었겠지만 구이나 조림을 할 때는

체형이 납작해 보관하기 편하다. 보관해 두었다가 멸치처럼
그때그때 꺼내 쓰기 좋다.

서대회 손질하는 모습. 보관한 서대 껍질을 벗기고 지느러미
를 잘라 내고, 밴댕이 속만큼이나 작은 내장을 꺼낸다. 내장
이 적으니 먹을 게 많다. 특히 참서대와 개서대가 양이 많다.
먹기 좋게 썬 다음 막걸리식초로 갈무리한다.

말린 서대가 제격이기 때문이기도 하다. 구이나 조림뿐 아니라 회, 찜, 매운탕 등으로 다양하게 요리할 수 있으며 군산과 서천에서는 껍질로 어묵을 만들기도 했다.

서대 장점은 손질이 간단하고 보관하기 좋다는 점이다. 큰 비늘이 없고 내장을 꺼내기도 쉬우며 비린 내도 심하지 않다. 또한 체형이 납작해 보관하기 좋고 넙치처럼 살이 많아 회수율도 높다. 그래서 말리기도 좋고 잘 마른다. 작으면 작은 대로 크면 큰 대로 다양하게 쓸 수 있다. 보관해 두었다가 멸치처럼 그때그때 꺼내 쓰기도 좋다.

서대하면 가장 먼저 떠오르는 게 서대회다. 여수가 자랑하는 열 가지 맛 중 하나로 꼽는다. 여수 10미는 갓김치, 게장백반, 서대회, 해산물 한정식, 갯장어회, 굴구이, 장어 구이와 탕, 갈치조림, 새조개데침, 전어 회와 구이다. 서대회는 막걸리식초와 고추장, 상추, 양파, 당근, 깻잎 등 채소를 양푼에 넣고 비빈 것을 막걸리와 함께 먹는 것이 정식이다. 등뼈만 발라내고 뼈째 썰어도 씹는 데 문제가 없다. 무칠 때 막걸리식초를 넣기에 뼈가 좀 연해지기도 하고, 오히려 뼈가 아삭하니 식감을 더 돋우기도 한다. 서대회는 밥을 조금 넣고 김가루와 참기름을 넣고 비벼 먹으면 더욱 맛있다.

서대구이는 자르지 않고 통째로 굽는다. 굽기 전에 등에 칼집을 서너 개 내는 것이 좋다. 미리 소금 간을 해 둬도 되고 굽다가 소금을 뿌려도 된다. 조림을 할 때는 생물과 건어물 모두 써도 괜찮다. 마른 것은 쫄깃하고 생물로 요리하면 부드럽다. 다만 마른 것은 약한 불에 오래 조려야 한다. 육수가 자박자박할 때 서대에 끼얹으며 조리면 맛이 더 깊어진다. 아내 평가로는 조림 중에는 서대조림이 최고란다.

서대회비빔밥. 막걸리와 함께 먹다 남은 회를 따뜻한 밥에 넣고 김가루를 올려 쓱쓱 비벼 먹는다. 안주 중에서 서대회비빔밥이 가장 좋은 안주라며 찾는 식객도 많다.

서대회

서대탕

서대구이

서대조림

고성 자란도 바닷가에서 주민이 해삼을 잡았다.
귀한 바다 보약 해삼은 돌 틈 톳과 미역 사이에서 자란다.

값도 따지지 않고
먹고 보는 보약

고전에 따르면 해삼은 바다에 있는 동물 중에서 가장 사람 몸을 이롭게 하는 동물이다. 또한 더덕이 스스로 바다에 뛰어들어 변한 것이라는 말도 있다. 게다가 어시장에서 홍해삼이라도 볼라치면 가격도 묻지 않고 일단 집어 먹고 봐야 한다고까지 하니 그 효능이 얼마나 뛰어난지는 더 이상 설명이 필요 없겠다. 이토록 대단한 해삼도 흠이 하나 있다. 가격이 비싸다는 것이다.

살려면 진짜 간이고 쓸개고 다 내놓다

해삼(海蔘)은 극피동물문 해삼강에 속하는 해삼류를 총칭하며, 약효가 인삼과 같다고 해서 붙여진 이름이다. 옛날 문헌에서는 해남자, 토육, 흑충이라 썼으며, 주민들이 부르는 말로는 뮈, 니라고 했다. 제주에서는 지금도 미라고 부른다. 물의 옛말이다. 일본에서는 쥐를 닮아 바다쥐라는 뜻으로 나마코(海鼠)라 부른다.

암수딴몸이며 몸 앞쪽 끝에 입이 있고 뒤쪽 끝에 항문이 있다. 배에 양쪽으로 관족이 있는 해삼은 바다 밑을 기어 다니며 관족이 없는 해삼은 떠다니거나 진흙 속에 묻혀 지낸다. 수온 5~17도 이하에서는 식욕이 왕성하고 18~20도가 되면 먹기를 멈추고 여름잠을 잔다. 4~5월

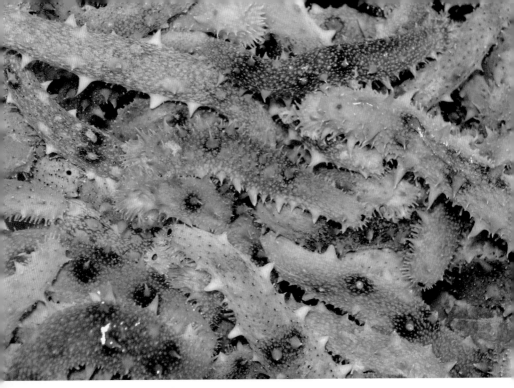

해삼은 여름잠을 잔다. 봄에 많이 잡히는 것은 이때 활발하게 먹이 활동을 하기 때문이다.

에 알을 낳으며 이 시기에 많이 잡는다. 해녀가 물질을 해서 잡는다.

『자산어보』에도 이런 해삼 특징이 잘 소개되어 있다. "한쪽 끝에는 입이 있고 다른 한쪽 끝은 항문과 통한다. 배 가운데에는 밤송이 같은 것이 있고 내장은 닭 내장과 같으나 껍질은 매우 연해서 집어 올리면 끊긴다. 배 아래에는 수많은 발이 있어 걸을 수 있지만 헤엄을 칠 수 없어서 움직임이 매우 둔하다."

해삼은 위기에 처하면 내장을 항문으로 쏟아 버린다. 실제로 한 리얼리티 프로그램에서 실험을 했다. 해삼이 든 어항에 천적 불가사리를 넣고 젓가락으로 공격해 봤다. 정말 해삼이 내장을 쏟았다. 내장은 멍게처럼 독특한 향이 난다. 공격자가 그 맛을 탐하는 동안 피하려는 전략이다. 그럼 내장 없이 어떻게 지낼까? 걱정할 필요 없다. 두 달 정도면 내장은 다시 만들어진다. 모질고 질긴 생명력이다. 살려고 속을 모두 꺼내다니!

깊은 바다에 사는 아주 큰 해삼 항문에는 숨이고기가 있다. 숨이고기는 농어목 숨이고기과에 속하는 바닷물고기로 몸은 옆으로 납작하고 길쭉하다. 해삼 항문에 숨어 적을 피하는 대신 항문을 오가며 깨끗한 물을 공급해 해삼 항문의 특이한 호흡기관인 호흡수(숨쉬기나무)의 가스교환을 돕는다.

더덕이 스스로 바다에 뛰어들어 해삼이 되다

막배도 떠났다. 더 이상 기다릴 사람도 올 사람도 없다. 갈매기도 사정을 아는지 조용하다. 선창을 배회하다 등대 밑에서 앉았다. 위판장에서 얻어 온 해삼 한 토막을 내놓고 소주 한 잔을 따랐다. 이생진 시인이 「그리운 바다 성산포」에 쓴 것처럼. 그리고 한 달만, 한 달만 이 섬 외연도에서 살고 싶어졌다.

충남에서 가장 먼 섬 외연도는 보령에서 출발해 배로 한 시간 반을 달려야 닿는다. 중간에 호도, 죽도 등을 거쳐야 한다. 여름이 오기 전 외연도에서 물질하는 해녀*들을

자연산 해삼은 고갈되어 가고 해삼 수요는 늘면서 해삼 양식에 대한 관심이 높아지고 있다. 완전 양식이 되려면 부화에서 성장 그리고 다시 부화로 이어져야 한다. 지금은 어린 해삼을 바다에 넣고 키워서 해녀들이 잡아내는 수준이다.

만났다. 머리에서는 바닷물이 뚝뚝 떨어지고 고무 옷에 물길이 채 마르지도 않았다. 해삼 철인 봄이면 해녀 10여 명이 배를 타고 나가 해삼을 잡는다. 외연도 해녀는 물론 제주에서도 원정을 온다.

이 무렵 해녀들은 외연도 열도만 아니라 모항, 파도리 등 태안 일대 바다에서도 해삼을 잡고 가을에는 전복을 잡는다. 그러나 해녀들도 마음대로 물질해서 해삼을 잡을 수는 없다. 어촌계 관리를 받으며 정해진 시간과 장소에서만 잡는다. 잡은 해삼은 어촌계와 해녀가 몫을 나눈다.

옛날에는 해삼보다 전복이나 미역 등을 채취했지만 요즘은 해삼이다. 중국 수출 때문이다. 중국 해삼 시장 규모는 자그마치 20조 원이라고 한다. 전 세계 해삼 어획량은 약 20만 톤이며 이 중 80%를 중국이 생산한다. 또한 전 세계 해삼 90%를 중국에서 소비한다. 우리나라에서는 경남과 충남에서 2,000톤 정도를 생산하며, 대부분 쪄서 말린 해삼을 수출한다. 1kg에 20,000원 하는 해삼을 쪄서 말리면 같은 무게가 수십 만 원에 거래된다. 말린 해삼은 과거 중국에서 화폐로 사용했고, 양장피를 비롯해 삼선자장면, 해삼탕, 팔진두부, 기아해삼, 해

*해녀 지속은 바다 자원 지속과 깊은 연관이 있다. 옛날처럼 미역, 소라, 전복을 채취하는 것은 더 이상 해녀 일이 아니다. 미역과 전복은 양식으로 대신하고 소라는 자원이 고갈되고 있다. 그나마 해삼처럼 경제성이 높은 대체재가 발굴되지 않으면 해녀도 바다 자원처럼 사라질지 모른다.

해녀들이 물질로 건져 올린 홍해삼, 멍게, 소라. 해녀들은 오직 '바당'만을 바라보고 숨비소리 내쉬며 살아왔다.

삼전복 등 중국 요리에도 널리 쓰인다.

해삼 양식이 고부가치 산업으로 인식되면서 우리나라에서도 종묘 생산과 양식 등 해삼 산업 발전을 위한 정책을 추진하고 있다. 해삼 양식장 적지를 찾으려고 지자체에서는 난리다. 서해, 동해, 남해, 인천 섬, 전남 섬, 경남 섬, 강원도 연안 등 모든 섬과 연안에서 그야

중국 수출용 해삼은 건해삼이다. 중국 해삼 시장은 약 20조 원으로 추정되며, 중국은 전 세계 해삼의 90%를 소비한다. 우리나라는 각 지자체마다 양식 어업을 해삼 산업에 맞추며 국책사업으로도 추진하고 있다.

말로 해삼 열풍이고, 남해에서는 앵강만, 전남에서는 진도, 충남에서는 외연도 인근 바다에 양식장을 마련해 어린 해삼을 방류한다. 이 해삼이 자라면 해녀가 물질해서 잡는다.

『전어지』에서는 "해삼은 바다에 있는 동물 중에서 가장 몸을 이롭게 하는 생물이다. 동해에서 나는 것이 살이 두껍고 좋으며, 서남해에

외연도 해녀들이 해삼을 잡아 뭍으로 올라왔다. 해삼을 잡는 철이면 외연도 해녀만 아니라 제주 해녀까지 들어와 작업한다.

서 나는 것은 살이 얇아서 품질이 떨어진다"고 했다. 『오주연문장전산고』에서는 "해삼은 더덕이 스스로 바다 속에 뛰어들어 변한 것이다"라고 했다.

해삼 약효와 관련해 완도 외딴섬 자지도 주민에게서 들은 이야기가 있다. 읍에 나가 홍해삼을 보면 값도 묻지 않고 그냥 집어서 입에 넣고 오

완도군 금당도에서 개최한 해삼잡기 체험 현장. 해산물 채취 체험은 아무 곳에서나 할 수 없다. 해산물이 자라는 곳은 어민들에게 논밭과 같은 곳이기에 반드시 어촌계나 어촌체험마을에서 운영하는 프로그램을 통해야 한다.

물오물 씹어 먹은 다음에야 값을 물어본다. 깊은 바다에 사는 귀한 약이라 일단 먹고 흥정을 해야 내 것이 된다는 말이다.

어시장에 가면 이따금 함지박에 담긴 청삼, 홍삼, 흑삼을 볼 수 있다. 이렇게 몸 색깔이 다른 것은 먹이 차이 때문이다. 갯벌 흙에서 유기물을 골라 먹는 해삼은 흑해삼이나 청해삼이 되고, 해조류 중 홍조류를 먹는 해삼은 홍해삼이 된다. 귀한 먹이를 먹었으니 보약이라는 말이 틀린 말은 아닐 성싶다.

홍해삼 중에서도 제주 해녀가 잡은 것이 으뜸이다. 바다 홍삼이라 칭하는 홍해삼을 증식하려고 제주도에서는 금능, 북촌 연안에 해삼 목장을 조성하고 있다. 해녀들이 직접 참여해 주요 서식지를 찾아 종자를 방류한다고 하니 기대가 된다.

단 한 줄기 진미, 해삼 내장

해삼은 90%가 수분으로 이루어졌기에 시간이 지나면 흐물흐물 녹는다. 그래서 말리거나 냉동 보관한다. 그중에서도 말린 해삼이 으뜸이다. 유통 면에서 뿐만 아니라 영양학적으로도 훨씬 뛰어나다는 것이 후대에 밝혀졌다. 좋은 해삼은 표면이 울퉁불퉁하고 딱딱하며 가

해삼 내장. 한 마리 손질해도 양이 얼마 되지 않는다. 해삼 양쪽을 자르고 노란 내장을 조심스럽게 꺼내서 안에 든 것을 빼낸 다음 간장이나 초장에 찍어 먹는다. 간을 해서 숙성시킨 후 밥에 비벼 먹어도 좋고 회와 함께 곁들여도 좋다.

시가 크고 고르게 돋아 있다.

안동에 세거했던 장흥효의 딸 장계향(1598~1680)이 쓴 조선 시대 요리서 『음식디미방』에도 해삼이 등장한다. 이 외에 바다생물로는 대구, 숭어, 연어, 전복, 청어, 방어, 새우(젓국), 대합, 가막조개, 모시조개 등이 실려 있다. 장계향이 살았던 곳이 동해와 가까운 석보인 탓에 동해에서 나는 생물이 많고 서해에서 나는 것은 새우(젓국) 정도다.

『음식디미방』에서는 해삼 요리 방법을 "히 ᄉᆞᆷ 달호ᄂᆞᆫ 법"이라 소개한다. 말린 해삼을 불려서 속에 소를 넣고 실로 감아 중탕에 쪄서 만드는 요리다. 속으로는 꿩고기, 석이, 진가루, 표고 등을 넣고 후춧가루로 양념한 다음 실로 묶어 찐다. 아니면 그냥 삶아서 초간장에 찍어 먹거나 양념을 해서 먹었다. 익힌 해삼을 썰어 파 등을 넣고 소스(가루즙)를 얹은 음식은 '해삼느르미'라고 했다.

해삼을 먹는 나라는 우리나라를 비롯해 지중해 연안과 동남아 여러

해삼을 넣은 팔보채

멍게, 해삼, 개불

해삼을 넣은 유산슬

나라, 중국, 일본 정도다. 가장 흔하게 먹는 것은 내장을 제거하고 막 썰어서 내놓은 해삼회다. 식감을 즐기는 사람에게 좋다. 특히 소주 안주로 제격이다. 내장에는 펄이 들어 있어 조심스럽게 훑어 내면 이것도 맛있는 음식이 된다. 얼려 놓았다가 초간장에 찍어 먹기도 한다.

외연도에서 만난 한 해녀가 어촌계장 몰래 노란색 내장을 집어 입에 넣어 줬다. 멍게와 비슷한 향이 났다. 해삼 한 마리에 내장은 한 줄기만 들어 있어 1kg에 10여 만 원에 이를 만큼 비싸다. 해삼도 비싼데 그 몸에서 나온 한 줄기 내장이니 오죽할까. 그래서 청주나 소금을 넣고 양을 늘려 가공한 후 내놓기도 한다.

내장만 아니라 멍게 속살처럼 생긴 것도 있다. 암컷 생식소다. 내장과 생식소로 젓갈을 담그기도 한다. 일본에서는 이 젓갈을 와다(고노와다)라고 하며, 단골손님에게만 준다는 귀한 음식이다.

몸을 보할 때 좋은 해삼죽도 있다. 해삼을 채 썬다. 얼려서 채를 썰

해삼을 손질하면서 꺼낸 내장. 일본에서는 해삼 내장젓을
고노와다(このわだ)라고 한다.

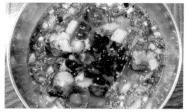

해삼물회

해삼장아찌. 내장을 손질하고 살짝 데친 후 식초, 소금, 간
장 등을 넣고 일반 장아찌처럼 담근다.

해삼회

어 두면 요리하기 좋다. 생강, 마늘, 양파, 소금, 후추를 넣고 양념한 다음 간이 배도록 재워 둔다. 간이 배면 살짝 볶다가 불린 찹쌀을 넣고 다시 볶는다. 이어서 물을 넣고 약한 불에 끓인다. 마지막으로 국간장으로 간을 하고 참기름을 넣어서 마무리한다.

해삼죽순볶음도 있다. 해삼을 가늘게 썰어 고추와 다진 마늘과 생강을 넣는다. 해산물 잡내를 제거하는 방법이다. 소금을 약간 넣고 죽순을 볶은 다음 해삼을 넣어 다시 볶다가 양념을 넣고 마저 볶는다. 끝으로 녹말을 갠 물을 넣어 걸쭉하게 한다. 해삼무침도 맛있다. 청주와 생강을 넣어 끓인 것에 해삼을 살짝 데친다. 물기를 없애고 간장 양념에 재운 다음 고추장, 식초, 배즙, 설탕을 넣고 국물이 졸 때까지 볶은 후 치커리를 넣고 고추장 양념으로 버무린다. 물회에 가까운 해삼초회도 좋다. 해삼 삶은 것에 소금, 설탕, 식초를 넣어 무친다.

해삼은 이름 그대로 인삼과도 잘 어우러지고 여름철에 보양식으로 많이 찾는 닭백숙과도 잘 맞는다. 열이 많고 입덧이 심한 임산부는 죽순과 해삼으로 음식을 만들어 먹으면 좋다. 저칼로리 고칼슘이라 건강식이며 다이어트 식품이다. 흠이라면 좀 비싸다는 것이다.

해삼초회

해삼, 멍게, 소라 회

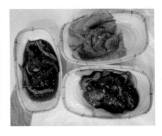
해삼과 얼린 해삼젓갈(와다)

생선 먹으러 가자

옥돔은 돌문어, 성게와 함께 제주를 대표하는 3대 맛이자 으뜸으로 꼽히는 생선이다. 아주 귀한 몸인 만큼 신이나 조상에게 올리는 제상에도 빠지지 않고 꼭 오른다. 한라산에서 내려온 봄이 바다를 푸른빛으로 바꿀 때 제주에서 햇미역을 넣어 끓인 옥돔미역국과 꾸덕꾸덕 말려 노릇노릇 구운 옥돔구이를 맛본다면 신선놀음이 따로 없겠다.

제주 바룻 3대 진미

제주에서는 옥돔을 생선의 으뜸으로 꼽는다. 그래서 '생선 먹으러 가자'는 말은 옥돔을 먹자는 뜻이다. 옥돔만 생선 반열에 오를 수 있는 것인가. 돔은 종류만 해도 참돔, 감성돔, 뱅어돔, 자리돔, 돌돔 등 많은데 유독 옥돔을 꼽는 이유는 뭘까?

　제주에서는 오토미 혹은 솔라리(옥돔), 물꾸럭(돌문어), 섬게(성게)를 '제주 바룻 3대 진미'로 친다. 바룻은 바다를 의미하는 제주 말이다. 옥돔은 제주를 대표하는 생선이지만 제주에서도 제사나 명절 등 특별한 날에만 구경할 수 있는 귀한 생선이다. 옥도미, 오토미, 생선오름, 솔라리, 솔내기 등으로도 부르고 완도에서는 돔 중에 으뜸이라 황돔이라 했다. 일본에서는 단맛이 난다고 해서 아카아마다이(アカアマダイ)라고 하고 유럽에서는 머리가 말을 닮았다고 해서 붉은 말의 머

제주는 신들의 본향이다. 18,000여 신이 정좌하는 섬이다.
특히 본향당은 제주를 대표하는 마을신을 모신 곳이다.
송당과 와흘은 제주 본향당의 본당이라 할 수 있다.
이곳에서 제를 지낼 때는 집집마다 상을 차린다. 이때 꼭 갖춰야 할 제물이 옥돔이다.

리라고 부른다.

옥돔은 낚시로 잡지만 자리돔처럼 연안에서는 낚을 수 없다. 죽으면 곧바로 경직되고 쉬 부패하기 때문에 그물을 칠 수 없어 고기잡이배를 타고 깊고 먼 바다로 나가 주낙으로 잡아야 한다. 일반인도 배를 타고 나가는 선상 낚시로 옥돔을 잡는다.

강정마을에서는 당일바리 옥돔을 볼 수 있다. 그날 잡아 그날 주문한 사람에게 보낸다. 옥돔을 잡아 온 날이면 마을 앞에 옥돔시장이 열린다.

언젠가 강정마을 〈평화책방〉 입구에서 당일바리(그날 잡아서 그날 파는) 옥돔을 만났다. 어머니 두 분이 앉아 한 분은 옥돔을 손질하고, 한 분은 생물을 팔고 있었다. 옥돔 옆에 낚싯바늘이 있

옥돔을 잡는 연승(주낙). 꽁치와 꼴뚜기를 미끼로 꿰어 잡는다.

는 것으로 보아 주낙으로 잡은 듯했다. 강정마을 앞바다에는 문섬, 쇠섬 등 제주에서도 손꼽히는 바다가 있어 마을 주변에서 옥돔 낚시를 할 수 있다. 당일바리가 가능한 이유다. 그날 팔지 못한 것은 곧바로 소금에 절여 갈무리한다.

강정은 제주에서도 제일 사람 살기가 좋아 '일강정'이라 했다. 마을 어디를 가도 물이 샘솟아 논농사를 지었다. 대부분 건천인 제주에서 흐르는 물이 있다는 것은 행운이다. '강정애긴 곤밥 주켕 흐민 울곡 조팝주케 흐민 안 운다(강정애기는 쌀밥 주겠다고 하면 울고 조밥 주겠다 하면 안 운다)'는 말이 있을 정도로 풍요로웠다. 그러나 아쉽게도 강정마을 하천과 바다를 연결하는 너른 갯바위(구럼비)를 부수고 그 자리

강정마을 앞 범섬 일대는 옥돔이 살기 좋은 곳이다.

멀리 보이는 문섬 일대도 옥돔이 살기 좋은 바다다.

에 해군기지가 세워졌다. 찬성과 반대에 휘말려 평화롭던 마을공동체도 무너졌다. 옥돔을 손질하는 어머니 뒤로 보이던 〈평화책방〉 창문에 "구럼비를 죽이지 마라"라는 글귀가 붙어 있었다. 마을 앞바다 옥돔은 잘 있는지 궁금하다.

옥돔을 많이 잡는 강정마을에 해군기지가 들어서면서 마을은 어려움을 겪고 있다. 특히 강정천과 바다를 잇는 구럼비가 훼손되어 그 피해가 주민에게만 아니라 바다생물에게도 미칠 것으로 보인다.

신에게 바치는 생선

옥돔을 가장 많이 본 곳은 송당과 와흘 본향당이다. 제주는 18,000여 신이 사는 신들의 고향이다. 제주 신은 대부분 마을신으로 자리 잡았고 그 내력은 마을 설화로 이어지며 이를 '본풀이'라고 한다. 매년 마을 단위로 날을 잡아 제사를 지내는 곳이 본향당이다. 본향당은 제주 사람의 안태이자 뿌리 같은 곳이므로 이곳에 제주 바다 최고 생선인 옥돔을 올리는 것은 너무나 당연한 일이다. 제주 신은 풍년과 풍어 등 생산 활동과 살림살이, 심지어 죽음까지 관장했다. 본향당에 지전, 삼색물색, 실타래 등이 걸린 것도 이 때문이다.

본향당에서는 정초에 본향신에게 드리는 새해 인사인 신과세제, 2월 초하루 제주에 들어 보름에 나가는 영등신을 불러 풍어를 기원하는 영등굿, 우마 증식과 추곡이 잘 되기를 기원하는 마불림제, 가을 곡식을 거둔 다음에 올리는 신만곡대제(시만곡대제라고도 함)를 지낸다.

2014년 송당 본향당 제단에 갔을 때 사과, 배, 한라봉, 초코파이 한 접시, 마른 옥돔 찐 것 한 접시, 나물과 삶은 달걀 한 접시, 빙떡 두 접시, 밥 세 공기, 물 세 그릇, 소주 한 병, 쌀 세 봉지가 놓여 있었다. 400여 년 수령을 자랑하는 팽나무를 신목으로 모시는 와흘 본향당도 마찬가지였다. 마을 제의 때만 아니라 꿈자리가 사납거나 큰일을 치러야 하거나 하다못해 물질을 하러 갈 때도 본향당 아니면 해신당에서 가서 비손했다. 이럴 때도 여유가 있으면 옥돔을 올렸다. 탐라국입춘굿*의 하나로 오곡 씨를 뿌리는 자청비 여신을 맞이하는 유교식 의례 세경제에도, 입춘굿의 절정인 낭쉐코사를 지낼 때도 옥돔을 올린다. 신에게만 아니라 조상신에게 올리는 상에도 옥돔은 빠지지 않는다. 신이나 인간이나 산 자나 죽은 자나 옥돔을 귀하게 여기며 그 맛을 즐기는 것은 같다.

조선 시대에 옥돔은 전복, 해삼, 미역과 함께 제주 진상품이었다. 본래 해산물은 잠녀와 포작인

옥돔은 이름만큼이나 맛이 있고 비싸다. 그래서 귀한 손님, 조상님, 신에게 올리는 생선이다.

동그란 빙떡, 나물, 과일, 달걀, 옥돔으로 차린 단출한 제물. 옥돔이 있어 신들도 좋으시겠다.

커다란 팽나무 신목이 있는 와흘 본향당 중심에 자리 잡지 못하고 동쪽 구석에 있는 서정승 따님도 옥돔을 한 마리 받았다. 와흘 '아지망'들은 사냥을 관장하는 본향당 백조 도령님보다는 생업과 산육, 치병을 관장하는 서정승 따님 애기씨에게 제물을 더 자주 올린다.

(浦作人, 남성)이 함께 채취했다. 특히 미역이나 해초는 여자, 전복 등은 남자가 주로 채취했다. 그런데 제주 남자는 공물 진상은 말할 것도 없고 관아물품 담당, 수령과 토호의 수탈, 노역 징발에 잦은 왜구 침입으로 군역까지 부담하는 이중, 삼중의 고통을 겪어야 했다. 많은 제주 남자가 15세기 섬을 떠나 유랑한 이유다. 제주 해녀가 본격적으로 바다에서 물질하기 시작한 것도 이때부터라고 한다.

*탐라국입춘굿은 제주를 대표하는 지역축제이자 도시축제로 자리매김하고 있다. 2018년은 일제강점기에 소멸된 입춘굿을 복원한 지 20주년이 되는 해다. 입춘굿의 절정은 낭쉐끌기다. 고대 탐라국 시절 입춘날에는 왕이 직접 백성들 앞에서 밭을 갈며 농사짓는 모습을 재현했다. 입춘춘경(立春春耕), 춘경적전(春耕藉田)이라 한다. 이때 왕이 끄는 소가 나무로 만든 소, 낭쉐다. 낭쉐는 소의 신, 목축의 신이자 테우리(목동의 제주 말)의 신이다.

옥돔, 그 맛을 더 말해 무엇하랴

옥돔은 조기강 농어목 옥돔과 옥돔속에 속한다. 머리에서 눈만 보일 정도로 눈이 크며, 몸은 황갈색이나 금색을 띠기도 한다. 모래와 갯벌로 이루어진 수심 100~300m 따뜻한 바다에서 산다. 그러니 살기에 제주가 제격이다. 여름에서 가을까지 알을 낳으며 주로 새우, 게, 갯지렁이, 조개 등을 먹는다. 우리나라 제주와 남해에 주로 살며 제주에서는 서귀포, 표선 등 남쪽 바다에서 특히 많이 잡힌다. 일본 중남부 이남과 남중국해에도 분포한다.

좋은 옥돔은 다른 생선과 마찬가지로 비늘이 선명하고 몸에 탄력이 있다. 눈을 살펴보는 것도 신선한 옥돔을 고르는 방법 중 하나로 맑은 것이 좋다. 대개 냉동 건조해 제주도 특산물로 유통한다.

옥돔구이, 옥돔미역국이 특히 유명하다. 옥돔구이는 흰 속살에 굵은 소금을 흩뿌리고 해풍에 꾸덕꾸덕 말린다. 강정마을 구럼비야말로 옥돔을 말리기 좋은 곳이었다. 해풍에 말린 생선은 기름이 겉으로 나와서 피막을 형성해 안에서 수분과 영양소가 잘 유지된다. 석쇠나 불판을 달군 다음(제주에서는 숯불에 구워 먹었다) 꾸덕꾸덕 말린 옥돔을 구우면 아주 담백하고 고소하다. 비린내가 없으니 맛이 더욱 좋다. 하긴 조기와 가깝고, 농어와 사촌인 데다 도미의 여왕이라 불리니 그 맛을 더 말해 무엇하랴.

제주 성읍민속마을 한 식당에서 옥돔구이 정식을 시켰다. 옥돔을 가운데 두고 콩나물, 깍두기, 김치, 고추절임, 고사리, 자리젓, 오징어젓, 된장 그리고 밥과 채소된장국이 나왔다. 값은 무려 30,000원이었다. 그야말로 옥돔 몸값이지만 참기름으로 구워 맛이 있다는 말에 시켰다. 확실히 맛은 좋았다.

옥돔구이. 부침가루를 묻혀서 구우면 부서지지 않고 잘 구워진다.

옥돔구이 정식(제주 성읍)

생물로 구울 때는 소금을 뿌려 간이 배게 하고 이때 칼집을 내면 좋다. 반 시간 정도 밑간이 들도록 기다린 다음 팬에 기름을 두르고 양쪽으로 굽는다. 살이 있는 쪽부터 구우면 오롯이 잘 구워진다. 어느 생선이나 마찬가지겠지만 특히 옥돔구이는 큰 것이 더 맛있다.

제주에서는 산모에게 꼭 끓여 주는 것이 옥돔미역국이다. 몸조리에 좋고 젖도 잘 나오고 단맛까지 나니 잘 먹을 수밖에 없다. 옥돔미역국도 일반 미역국을 끓일 때와 마찬가지로 먼저 다진 마늘과 미역을 넣고 볶다가 국물을 넣어 다시 끓인다. 끓기 시작하면 갈무리해 놓은 옥돔을 넣고 한 번 더 끓이고서 정종, 국간장, 소금으로 간을 한다. 국물을 진하게 하려면 옥돔을 넣어 육수를 만든 다음 볶은 미역과 옥돔을 넣어 끓이기도 한다. 미역을 넣지 않고 옥돔으로 끓인 맑은 탕도 좋다.

어죽은 비릴 것이라고 생각하지만 사실 그렇지 않다. 바닷가는 물론 하천 주변 마을에서는 여름이나 몸이 허하거나 수술을 하고 난 뒤에 어죽으로 보양했다. 어죽에 쓰는 민물고기로는 붕어, 바닷물고기로는 도미나 옥돔이 있다. 제주에서는 어죽도 역시 옥돔이 으뜸이다.

먼저 비늘과 내장을 제거한 후 옥돔을 통째로 넣고 푹 삶는다. 이때 양념이나 간은 하지 않는다. 머리를 채에 받쳐 육즙이 잘 빠지도록 하며 옥돔을 건져 내고 살을 발라낸다. 이렇게 모은 육수와 발라낸 살에 불린 쌀을 넣고 끓인다. 간은 소금간만 한다. 담백하고 고소한 맛이 일품이다.

어제 널어 놓은 톳을 뒤집는다. 골고루 마르지 않으면 썩을 수 있기 때문이다.
내일 비가 온다는 소식에 마음이 바빠 해가 뜨기도 전에 부산하게 선창으로 나왔다.

톳

섬마을 건강과
살림 지킴이

톳은 바다 사람들이 보릿고개를 넘을 때 밥 양을 늘려 주던 식재료였다. 또한 한때는 전량 일본으로 수출되며 섬마을 사람들의 살림도 풍성하게 해 줬다. 이제는 단백질, 칼슘, 식이 섬유처럼 우리 몸에 필요한 영양소와 싱싱한 맛으로 뭍사람들의 건강과 입맛까지 풍요롭게 해 준다.

바다 사람들의 주린 몸과 마음을 채우다

산과 들이 온통 연초록이다. 그래서 보릿고개가 더 서러웠다. 옛날이야기가 아니다. 불과 두 세대 전 일이다. 농약 값, 비료 값, 기계 값, 이자를 제하고 나면 쭉정이만 남았다. 아직도 보리가 고개를 숙이려면 한참인데 봄을 나기 어려워 초근목피는 기본이었다.

보리가 쌀보다 귀한 섬은 어땠을까? 산비탈에서 캔 고구마도 떨어지면 갯가에서 파래와 가사리를 뜯고 구멍을 뒤져 게를 잡아다 죽을 쑤고 곰피나 톳을 뜯어다 밥을 지었다. 텁텁하고 깔깔한 맛에 익숙해질 무렵에야 보리가 익어 갔다. 그중 톳은 남해역과 서남해역 그리고 제주 바다에서 쉽게 구할 수 있어 일찍부터 구황식품으로 이름을 올렸다.

톳이나 미역 같은 해조류가 제주 살림을 책임지던 때가 있었다. 제주에서 감귤 재배가 보편화되기 전, 뭍에서 톳이나 미역 양식도 하기 전 일이다. 제주에서 톳은 협업과 공생 자원이었다. 해녀들이 종개호미로 톳을 베어 망사리에 담으면 남자들이 테우로 운반했다. 종개호미는 톳이나 미역을 베는 낫을 말하며, 망사리는 채취한 해조류나 소라, 전복을 담는 그물을 말한다. 테우는 통나무를 엮어 만든 제주 전통 배다.

또한 자원 남획을 방지하고자 어린 톳 채취를 금지하고 어촌계원들이 톳 어장을 지켰다. 다음 해에도 톳을 많이 수확할 수 있도록 톳 포자가 잘 붙게끔 갯바위를 깨끗하게 닦기도 했다. 톳 수확 시기에는 방학을 맞은 초등학생까지도 작업을 돕곤 했다. 이처럼 제주 어촌계는 톳을 비롯한 해산물을 공동 채취하고 분배했기에 자원 고갈을 방지하고 어려운 노인을 배려하며 삶을 영위할 수 있었다.

일제강점기에 미역은 조선 사람이 먹고 톳은 일본 사람이 먹었다. 당시 톳이나 미역만큼 확실한 환금 작물이 없었기에 제주는 물론 완도, 진도, 통영 같은 작은 섬마을은 톳과 미역의 풍흉에 따라 울고 웃었다. 특히 톳은 해방 뒤부터 30~40년 전까지만 해도 전량 일본으로 수출되어 어촌의 대표 외화벌이 품목이기도 했다.

뭍에서 청보리가 출렁이면
바다에서는 '톳'이 춤춘다

톳은 갈조류 모자반과에 속하는 해조류다. 유성번식과 뿌리에서 새

언뜻 보면 경운기에 실린 게 톳인지 퇴비인지 모를 것이다. 쌀농사를 짓는 농민도 양식하는 어민도 여름철에는 잠깐 쉬어 가지만 관매도는 여름철이 더욱 바쁘다. 양식장에서 채취한 톳을 말려 갈무리해야 하기 때문이다.

톳 농사를 짓는 섬마을은 여름철이면 노는 땅이 없다. 빈 곳에는 모두 시꺼먼 톳이 널렸다. 햇볕이 좋고 바람이 좋은 날 널어놓은 톳을 뒤집고 이물질을 골라내는 일로 바쁘다. 농촌에서 나락을 길가에 널어 말리던 것과 같다.

진도 조도면 상조도, 하조도, 관매도, 대마도, 혈도 등 많은 섬에서 톳을 양식한다. 자연산 톳과 미역도 많이 생산되는 곳이다. 양식장에서 채취한 톳을 마을로 운반해 건조한다.

싹이 돋아나 번식하는 무성번식을 번갈아 한다. 제주에서는 '톨'이라 부르고 『동의보감』과 『자산어보』를 보면 토의채(土衣菜), 녹미채(鹿尾菜)라고 기록되어 있다.

자연산 톳은 남해안과 제주의 만입하고 완만한 조간대 갯바위 상층부에 모여서 자란다. 찬바람이 불면 어린 싹이 나오고 겨울을 견딘 후 봄부터 빠르게 성장해 여름철이면 채취할 수 있을 만큼 자란다. 제주 근해에서는 보통 1월 말에서 3월까지 찬 바다에서 채취하는 것이 상품으로 으뜸이다. 성장 과정과 시기가 뭍의 보리와 비슷하다. 6월이면 다 자라고 이후 줄기가 녹아 없어진다.

남해안에서는 50~60cm까지 자라지만 제주 근해에서는 1m 이상 자란다. 성장 환경이 좋기 때문이다. 그래서 1980년대 이후 완도를 비롯한 전남 해안 일대에서는 제주 톳 모종을 채취, 배양해 지주수하식 양식에 성공했다. 김이나 미역처럼 완전 양식은 하지 못하고 자연산 톳 뿌리를 채취해 보관했다가 줄에 꿰어 양식한다. 진도군 조도면 관매

자연산 톳은 갯바위에 붙어서 자란다.

톳 뿌리 끼우기. 농촌에서는 못자리에 볍씨를 뿌리고서 자라면 논으로 옮겨 모내기한다. 톳 농사도 비슷하다. 톳 뿌리를 줄에 꿰어 바다에 넣는다.

도, 관사도, 혈도, 완도군 청산면 대모도, 소모도 일대가 양식 적지다.

완도군 신지면 가인리에서 톳 양식을 준비하는 모습을 본 적이 있다. 주민들은 톳 뿌리를 꿴 가는 줄을 선창 도로에 드리운 굵은 줄에 묶고 있었다. 10월쯤 준비해 둔 톳 줄을 바다에 넣고 이듬해 5~6월에 채취한다. 예전에는 일일이 손으로 준비해야 했던 터라 마을 주민들이 서로 품앗이해야 했다. 최근에는 어린 톳을 양식 줄에 고정하는 기계가 생겨 한시름 덜었지만, 여전히 어린 톳을 한 묶음씩 묶는 작업은 사람 손을 거칠 수밖에 없다. 그래서 옛날과 다름없이 일손이 많이 필요하다.

양식산과 자연산 모두 대부분 마른 톳(건톳)으로 판매하지만 관매도를 비롯한 조도면 일대 섬에서는 수온이 높아 가을철에 한 차례 더 채취해 나물톳(생톳)으로 판매하기도 한다. 한편, 파도가 거친 제주 바다에서 자란 자연산과 양식산은 식감이 매우 다른데도 제주 자연산이 양식산에 밀려 생산량이 급격히 감소하는 추세다.

톳 양식장. 농민에게 땅이 있다면 어민에게는 바다가 있다. 바다가 땅이고 어장이 논밭이다.

가을에는 생톳으로 판매한다. 나물용이다. 봄에 톳을 볕에 잘 말려 판매하는 것과 다르다. 그러니 이모작을 하는 셈이다. 생톳을 포대에 담아 놓고 배를 기다린다.

이보다 건강할 수 있을까?

톳은 제주 대표 보양식품 중 하나였다. 제주는 예부터 땅이 척박해 농사는 고되고 수확량은 많지 않았다. 뭍과 달리 칼슘과 단백질 공급원도 적었다. 제주 우엉팟(텃밭)에 채소가 있다면 바당(바다)에는 톳과 미역이 있다는 말처럼 톳은 제주 사람들 영양을 보충해 주는 귀한 음식이었다. 전통적으로는 톳을 말려 보관해 두었다가 나물로 먹었다. 멜젓(멸치젓) 국물이나 된장, 신 김치 아니면 으깬 두부에 무쳐 먹었다. 영양을 따져도 건강식이었을 테다.

식량이 매우 부족하던 3~4월에는 햇톳을 넣어 톳밥을 지어 먹었고, 쌈 채소에 밥을 싸 먹을 때 고명으로 얹어 먹기도 했다. 또 한여름에는 된장에 무친 다음 식초와 물을 부어 냉국으로 가장 많이 먹었다.

생톳은 살짝 데치면 푸른빛이 돌아 먹음직스럽다. 초장에 찍어 먹거나 톳비빔밥에 넣기에도 좋다.

제주 속담에 '애기 둔 어멍은 톨국도 지때 못 얻어먹나'는 말이 있다. 때와 장소를 가리지 않고 칭얼대는 젖먹이를 키우는 어머니는 애 보느라 정신이 없어서 무더운 여름철, 시원히 먹어 보라고 내놓는 톳냉국도 제때 못 얻어먹는다는 말이다.

톳은 녹채류보다 식이섬유가 2~3배 많으며 생톳보다 말렸을 때 식이섬유질 양이 더 많아진다. 또한 단백질과 칼슘, 칼륨, 요오드 함유율이 매우 높아 빈혈 및 골다공증 예방, 혈관 질환 예방 및 치료에 효과가 있고 무기질과 철분이 풍부해 비만과 성인병에도 좋다.

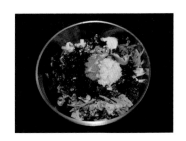
톳비빔밥

밥상에서 가장 쉽게 만날 수 있는 요리는 톳나물이다. 콩나물, 오이, 두부와 버무려도 제맛을 잃지 않는다. 생톳은 뜨거운 물에 살짝 데쳐 쓰지만 마른 톳은 찬물에 불린 다음에 살짝 데친다. 찬물에 불릴 때 식초를 조금 넣으면 신선함을 더하고 비릿함을 줄인다. 강원도에서는 고추장, 전라도에서는 된장, 경남에서는 멸치젓국을 넣어 무친다.

톳 밥상

톳밥을 지을 때는 마른 톳을 쓴다. 톳은 말리면 검어진다. 먼저 찬물에 마른 톳을 20~30분간 잘 불린 다음 끓는 물에 살짝 데쳐 물기를 뺀다. 쌀 위에 톳을 올

두부와 버무린 톳나물

리고 물을 넉넉하게 한 다음 밥을 짓는다. 톳밥은 양념장에 비벼 먹으면 더 맛있다. 이 외에도 국으로 먹거나 조미해서 밥에 올려 비벼 먹기도 하며 최근에는 샐러드용으로도 쓴다.

예전에야 전량 일본으로 수출해 말릴 것은 고사하고 팔 것도 없었지만 이제 사정이 바뀌었다. 수출량은 줄었고 양식산은 넘친다. 마른 톳이 늘면서 분말이나 환으로 만들기도 하고, 젤리와 삼베과자에 넣기도 한다. 국수나 라면에 들어가기도 한다.

그렇다면 어떤 톳을 골라야 할까? 생톳은 광택이 있고 굵기가 일정한 것이 좋지만 마른 톳은 좋고 나쁘고를 구별하기가 쉽지 않다. 그러

된장에 버무린 톳나물

콩나물과 함께 무친 톳나물

톳밥. 식량이 부족할 때 쌀을 늘려 먹으려고 보리 대신 톳을 넣었다. 톳이 많은 남도에서는 톳밥으로 보릿고개를 넘겼다.

섬을 찾는 여행객을 대상으로 톳을 작은 묶음으로 판매한다. 양식으로 목돈 만지는 것에 비하면 푼돈이지만 지역과 톳을 알리는 데는 좋은 방법인 듯하다.

니 산지를 방문해 어민과 직거래하는 것이 가장 좋은 방법이다. 톳은 한때 섬사람의 구황식품이었지만 지금은 어민들 생계 수단이요, 뭍사람들 건강을 지키는 식품이다. 더 많은 사람이 톳을 맛볼 수 있도록 통영 멍게비빔밥처럼 톳비빔밥도 널리 알려지면 좋겠다.

시중에서 판매하는 동그랗거나 네모난 쥐치만 봤기 때문에 이게 쥐치라고는 짐작도 못했다.
시장에서 판매하는 네모난 갈치 토막을 보고 갈치 모습을 상상하지 못하는 것처럼.

쥐치
쥐고기가 아니다

쥐치는 실제 생김새보다 쥐포라는 가공품으로 더 널리 알려졌다. 그래서 한때는 실체를 몰라 쥐고기로 만들었다는 소문까지 나돌았다. 사실 예전에 쥐치는 남해안 어민들의 골칫거리였다. 지느러미가 날카로워서 그물에라도 들면 그물이 다 망가지기 때문이다. 그러다 쥐포가 생기면서 하루아침에 천덕꾸러기 신세에서 황금알을 낳는 거위로 바뀌었다. 그러고 보면 사람 삶이나 물고기 삶이나 한 치 앞을 모를 일이다.

황금알을 낳던 '복치'

쥐치가 어떻게 생겼는지 모르는 사람이 꽤 많다. 쥐포라는 가공품으로 전국에 유통되기 때문에 산지 어시장이나 횟집 수족관이 아니면 본래 모습을 보기 어렵다. 어렸을 때 쥐포는 정말 쥐를 가공한 것으로 알고 먹지 않았던 적도 있다. 나만 그랬던 것은 아닌 모양이다. 최승호 시인도 「쥐치」라는 시에서 "혹시 쥐고기를 얇게 썰어 붙인 게 아닐까"라고 했다. 바른 표현은 쥐치포다. 아마 쥐치포라고 썼다면 쥐포를 꺼리지 않았을 텐데.

쥐치를 복치라 부르던 삼천포에서 쥐치 인기는 남달랐다. 쥐치가 연간 1,000억에 이르는 소득을 올려 줬기 때문이다. 삼천포를 '복치항구'라 불렀고, 당시 경상신문(1990년 2월 13일)에는 「한려수도 감싸 안은 복치항구」라는 기사까지 실렸다. 어른들 술안주, 아이들 군것질거리로 사랑받는 복치를 떼어 두고 삼천포와 사천을 이야기하기 어렵다고 했다.

삼천포에는 한때 쥐포 가공 공장이 100여 개나 있었다. 삼천포 인근 해안에 많이 자라는 파래류를 갉아 먹고 자라기 때문이다. 가공 공장 종사자만 5,000여 명, 가족을 포함하면 20,000여 명이 쥐치포로 먹고 살았다. 당시 삼천포 부근 인구가 65,000여 명이었으니 전체 인구의 30%에 해당했다. 그래서 쥐포가 안 팔리면 은행과 시장이 몸살을 앓고, 학교 재정도 타격을 입는다는 말까지 돌았다.

그러다 1980년대 중반까지만 해도 한 해에 32만 톤까지 이르던 쥐치 어획량이 1990년대 말에는 10,000톤 정도로 급감했다. 쥐치가 서식하는 연안 인근이 간척과 매립, 화력발전소 건설, 공장 및 생활 폐수 방류 등으로 오염되어 파래나 해초처럼 쥐치가 좋아하는 먹잇감이 사라졌으니 더 머물 수가 없었으리라. 또한 쥐치잡이를 담당했던 저인망(고대구리) 어업이 법적으로 금지된 것도 어획량 급감 원인 중 하나다. 이전까지 쥐치는 대형 선망, 대형 트롤, 근해 안강망, 대형 기선저인망, 정치망으로 잡았다.

어획량이 감소하자 동남아에서 쥐치를 수입했지만 가격 경쟁력이

연탄불에 굽는 쥐치포

있을 리 없었다. 가공 공장은 하나둘 문을 닫기 시작했고 인건비가 싸고 원료를 쉽게 구할 수 있는 베트남으로 공장을 옮긴 곳도 있다. 남은 공장은 30여 곳뿐

이다. 최근 들어 쥐치 어획량이 회복되고는 있지만 이제는 인건비가 문제다. 쥐치 가공은 많은 부분을 여전히 수작업으로 해야 하기 때문이다. 그래서 본사는 부산에 두고 중국에서 가공해 유통하는 회사도 있다.

정신을 바짝 차려야 낚을 수 있다

쥐치는 복어목 쥐치과에 속하는 바닷물고기다. 몸은 마름모꼴에 가깝고 옆으로 납작하며, 이를 측편이라 한다. 머리에 날카로운 송곳 모양 지느러미가 있다. 암수가 나뉘며 수컷 등지느러미 두

쥐치

번째 가시(제2연조)는 연장되어 실 모양이다. 몸 바탕은 연한 회청색이다. 등지느러미와 뒷지느러미는 청록색, 가슴과 배지느러미는 암청색이며 옆구리에 불연속한 세로띠가 5줄 있다. 입은 매우 작고 주둥이는 불만스러울 때 내미는 것처럼 삐죽 튀어나왔다.

수심 8~30m에 살며 갑각류, 유충류, 패류, 해조류를 먹는 잡식성이다. 5월 하순에서 8월경에 알을 낳는다. 우리나라 바다에는 쥐치, 말쥐치, 날개쥐치, 그물코쥐치 등이 있다. 이 중 쥐치, 말쥐치가 식재료로 많이 쓰인다.

『우해이어보』에서는 쥐치를 서뢰라 하고, 서뢰는 서어라 했다. "몸 전체가 쥐를 닮았는데, 귀와 사족이 없다"고 설명했다. 『난호어명고』에서는 이렇게 소개했다. "몸이 납작하고 비늘이 없다. 등이 높고 연

말쥐치. 옆으로 납작한 타원형에 주둥이가 길고 입은 작다. 건어물, 회, 조림, 구이 등에 쓴다.

한 누런색이며 배는 펑펑하고 부연 흰색이다. 입이 작고 눈이 둥글고 꼬리는 살짝 갈라졌다. 등덜미에는 짧은 등지느러미가 2개 있다. 껍질에 모래알 같은 것이 있어서 대나 나무를 문질러 갈 수 있다. 큰 것은 길이가 1자(약 30㎝)가 넘고, 서해와 남해에서 난다. 어부들이 잡으면 살에서 비린내가 나 먹지 않는다. 다만 그 껍질을 취해서 화살대를 문질러 가는 데 사용한다."

쥐치는 입이 작아 일반 낚시로 잡기 어렵다. 미끼를 덥석 물지 않고 잘게 씹어 먹는 습성이 있다. 그래서 정신을 바짝 차리지 않으면 미끼를 무는 낌새를 알아채지 못한다. 『우해이어보』에서는 쥐치 낚시법을 다음처럼 소개했다. "배 앞머리에 앉아서 물빛을 보고 수직으로 줄을 내리고 있다 물빛이 약간만 움직이면 급히 손을 뻗어 배 뒤쪽으로 향해 채어 올려야 한다. 조금이라도 지체하면 이미 입감을 뱉고 가 버린다." 김려가 유배 생활했던 진동만에서는 통발에 홍합을 넣어 쥐치를 잡는다.

천덕꾸러기 쥐치의 맛있는 변신

사실 남해안 어민들에게 쥐치는 귀찮은 존재였다. 그물에 날카로운 지느러미가 걸리면 뜯어내는 일이 만만치 않았다. 특히 떼를 지어 몰려다니기 때문에 그물에 들면 그물을 통째로 버리는 일도 있었다. 심지어 쥐치를 잡아 귀항하다 더 값나가는 물고기 떼를 만나면 쥐치를 버리고 잡았다고 한다. 옛날에는 물 반 쥐치 반이었고, 그물은 목돈이 있어야 마련할 수 있을 만큼 귀했으니 그럴 만도 하다.

어민들에게 골칫거리였던 쥐치가 인기를 얻기 시작한 것은 쥐포 덕분이다. 오징어는 비싸서 쉽게 맛보기 어렵지만 쥐포는 달랐다. 시장 골목에는 으레 연탄불을 피워 두고 쥐포를 굽는 상인이 한둘은 있었고, 지금도 관광지 입구에서는 흔히 군밤과 함께 볼 수 있는 간식이다.

쥐포 유래에 관해서는 설이 분분하다. 일본에서 유래했다는 설도 있고, 새우, 학공치, 나막스(붉은메기) 살과 꼬리를 남기고 포를 떠서 말린 우리나라 '화어'에서 비롯했다고도 한다. 사실 음식 문화 원조 경쟁은 상술인 경우가 많으므로 기원을 따지는 것은 옳지 않다. 비슷한 환경에서 얻은 유사한 식재료를 조리하거나 가공하는 원리는 자연스레 섞일 수밖에 없기 때문이다.

"좀 비싸지만 두꺼운 '국산' 쥐포를 원하면 이쪽으로 가서 사시고, 좀 얇은 '국내산' 쥐포를 원하면 저쪽으로 가세요." 수우도에서 나와 자투리 시간을 이용해 건어물을 구입하는 사람들에게 섬 안내를 하던 토박이 주민이 말했다. 국산과 국내산이 대체 무슨 차이지?

삼천포 수협 뒤 건어물 상회에는 쥐포를 파는 가게가 많다. 이곳에 있는 쥐포는 크게 두 종류다. 국산과 국내산. 국산은 원료인 쥐치가 국내산이고, 국내산은 수입 쥐치를 국내에서 가공한 것이다. 원료는 물론이고 가공도 베트남 등 외국에서 한 것을 국내로 가져온 것은 수 입산이다.

사실 그동안 쥐치는 얇고 납작한 것으로만 알았다. 그런데 통영 서 호시장에서 말린 쥐치를 연탄불에 구워 주는 것을 먹고 나서는 생각 이 바뀌었다. "세상에, 이렇게 맛있는 구운 생선이 있다니!"라며 일행 이 모두 감탄했다. 창원 용원시장에서도 도톰한 쥐포를 보고서 침을 꼴깍 삼켰다. 지금까지 시장에서 먹었던 그 쥐포가 아니었다.

모슬포항 한 식당에서도 새로운 쥐치를 만났다. 식당 메뉴판을 보 니 오늘의 메뉴, 아나고 탕 조림, 객주리 탕 조림, 매운탕, 성게국, 회 덮밥이라고 적혀 있었다. 모두 알겠는데 '객주리'는 뭘까? 제주 말로 쥐치는 객주리다. 쥐고기, 가치라고도 한다. 진짜 쥐치 요리를 먹고 싶다면 제주도로 가서 객주리 요리를 먹어야 한다. 제주에는 객주리

국산 쥐치포

국내산 쥐치포

요리 전문집이 따로 있다. 주요 메뉴는 쥐치회, 쥐치조림, 쥐치탕이다. 우도에서는 쥐치된장전골이 인기다.

제주 시내 한 식당에서 객주리조림을 주문했다. 그런데 딱딱한 콩과 마늘이 들어 있었다. 메뉴판을 보니 '객주리콩조림'이라고 되어 있었다. 그렇다면 객주리는 제주 사람들이 오래전부터 즐겨 먹었던 생선일까? 제주 음식을 연구하는 양용진(제주향토음식보전연구원 원장)은 오히려 객주리는 거의 먹지 않고 돌우럭(우럭볼락)에 콩을 넣어서 조림으로 먹었다고 한다. 머리가 크고 살이 적은 돌우럭을 반찬으로 늘려 먹고자 콩을 넣었다. 이때 사용하는 콩은 장콩 절반 크기인 제주 좀콩이다. 껍질에 금이 갈 정도로 살짝 볶아 넣는다. 불리지 않아도 쉽게 간이 밴다. 1980년대 들어 돌우럭 어획량이 줄어들자 그 자리를 대신한 것이 객주리라고 한다.

객주리콩조림(제주)

일제강점기인 1913년, 여수항 앞바다에서 경남 바다에 이르는 넓은 바다 바닥에서 무수한 키조개를 발견했다.
채취한 키조개는 관자만 추려 통조림으로 만들거나 말려서 중국으로 수출해 어마어마한 수익을 냈다.
사진은 산더미처럼 쌓인 키조개 위에 서 있는 노동자들 모습(『전남사진지』 1917).

키조개

꽉 다문 입 속에 담긴 별미

키조개에서 우리가 먹는 부위는 흔히 관자라고 부르는 폐각근이다. 관자는 부드럽고 쫄깃한 데다 고단백질에 저열량이기까지 해서 찾는 사람이 많다. 회나 데침으로 먹어도 맛있지만 대표 요리는 삼합이다. 지역에 따라 조합은 조금 다르지만 키조개에 삼겹살이나 소고기, 김치와 채소 등을 곁들여 먹는다. 키조개 서식지는 물론 다른 지역에서도 인기를 얻다보니 바다 로또로 여겨지고, 이 탓에 이따금 키조개를 둘러싸고 불미스러운 일이 일어나기도 한다.

바다 로또 뒤에 드리운 그림자 1

서울 강변역에 꽤 유명한 관자 요리 전문집이 있다. 이곳 메뉴판에는 "100% 자연산 여수항 키조개만 취급합니다"라고 당당하게 적혀 있다. 잠수부가 수심 30~40m인 깊은 바다에서 갈고리로 하나하나 캔 자연산 키조개라고 한다.

키조개

가막만갯벌에 사는 키조개

몇 년 전 겨울, 뱃머리를 노랗게 칠한 배 여러 척이 접안해 있는 여수시 국동 잠수기 수협 앞 선착장에서 크레인으로 키조개와 코끼리조개 내리는 모습을 본 적이 있다. 잠수부들은 막 캐 온 조개를 위판하려고 준비하고 있었다. 키조개는 노란 자루에 담겨 있었고, 코끼리조개는 밖에서 주인을 기다리고 있었다. 여수 가막만과 고흥, 보성, 장흥을 아우르는 여자만이 우리나라를 대표하는 키조개 서식지다.

키조개 잠수부가 일하기 딱 좋은 물때는 맑은 조금의 10일 정도다. 햇볕이 바다 속으로 들어와 시야가 확보되면 더욱 좋다. 조금은 조류 이동이 많지 않고 조차도 크지 않은 시기로 음력 초여드레와 스무사흘 앞뒤 며칠을 말한다. 이처럼 사람이 물속으로 들어가 바다생물을 채취하는 것을 잠수 어업이라고 한다. 잠수 어업에는 잠수기 어업과 나잠 어업이 있다. 배 위에 있는 잠수기로 호흡하는 것을 잠수기

장흥군 안양면 수문리 선창에 세워진 키조개 조형물

어업, 해녀처럼 들숨과 날숨에 의지하며 직접 물질해서 미역, 소라, 문어, 전복, 해삼, 멍게 등을 채취하는 것을 나잠 어업이라고 한다.

잠수기 어업은 바다에 한 번 들어가면 대여섯 시간씩

키조개는 잠수부가 바다에 들어가서 캔다. 이런 방식을 잠수기 어업 또는 머구리 어업이라고 부른다. 개조개, 코끼리조개와 함께 채취한다.

작업하기에 잠수부 건강을 해치는 경우가 많다. 잠수부는 뼈가 썩는 골괴사증에 시달리고 마비 증세와 통증 때문에 진통제와 스테로이드제를 남용하기도 한다. 위험은 외부에서도 발생한다. 1990년대 중반에는 서해안에 일명 죠스로 불리는 식인상어가 나타나 키조개를 잡던 잠수부가 목숨을 잃기도 했다.

잠수기 어업은 일제 수탈과 함께 시작되었다. 1870년대 남해와 제주 바다로 들어온 일본 어민들이 잠수기를 이용해 전복을 잡았다. 하루에 해녀 수십 명이 물질해야 얻을 수 있는 전복을 잠수기 한 척이 싹쓸이했다. 일제강점기에 간행된 『전남사진지』(1917)에 따르면 여수항 앞바다에서 경남 바다까지 키조개가 다량 서식했고, 매년 약 80,000원 대 소득을 올렸다. 1927년에는 여수에 잠수기 회사가 설립되었고, 일본인은 키조개도 수탈해 갔다. 참고로 1920년대 기준으로 쌀 한가마니(80㎏)가 26원이었고, 교사나 공무원 봉급이 20원이었다. 해방 후 잠수기 어업은 우리나라 어민들에게 보급되었으며, 이를 머구리 어업이라고도 부른다. 1977년에는 잠수기 수협도 생겼다. 잠수기 어선에서는 선장, 잠수부, 선원이 함께 작업한다. 잠수부는 호스로 공기를 공급받아 갈퀴나 분사기로 해저 바닥에 서식하는 키조개, 개조개, 코끼리조개 등을 채취한다.

바다 로또 뒤에 드리운 그림자 2

키조개가 돈이 되다 보니 조업을 둘러싸고 해상 폭력도 빈번해졌다. 1980년대 말 전북 연도 일대 키조개 어장에서 충남 대천항 소속 배와 전북 군산항 소속 배가 싸움을 일으켰다. 충남 배는 어업 구역 설정이 불합리하다 했고, 전북 배는 행정 구역에 따른 어업 구역을 지켜야 한다는 입장이었다.

우리나라 잠수기 어업 구역은 1~4구역으로 나뉜다. 1~2구역은 동해부터 경남 남해까지, 3~4구역은 남해부터 목포까지다. 여수에 선적을 둔 잠수기 어업은 여수와 남해 일대에서만 아니라 장흥과 목포까지 진출할 수 있다. 다만 면허가 없는 공유 수면에서만 조업할 수 있다. 즉 면허 구역에서는 해산물을 채취할 수 없다. 면허 구역은 대부분 허가를 받은 마을 어촌계 구역이기 때문이다. 그런데 간혹 면허 어장 사이에서 조업하기에 지역 어민과 갈등을 빚는 것이다. 때로는 같은 지역에서도 권력과 폭력이 결탁해 주민들이 가져야 할 막대한 키조개 어장 채취권을 탈취하기도 한다.

일반 양식업자가 배에 잠수기를 설치해 키조개를 잡는 것도 엄격하게 금지된다. 반드시 잠수기 어업 허가를 받아야 한다. 불법 어업이 극심해 잠수기 어선의 뱃머리 바다은 노랗게 칠하도록 했다. 한눈에 잠수기 어선임을 알 수 있도록 말이다. 제주에서는 오직 해녀만 바다에

소래어시장에서 만난 키조개

서 해산물을 채취할 수 있다. 1990년대 무렵 남획 문제로 마을 어장에서 분쟁이 자주 발생하자 행정기관이 잠수기 어업권을 사들이고 신규 허가를 내주지 않기 때문이다.

잠수기 배는 뱃머리에는 노란색이 칠해져 있다. 불법으로 작업하는 배와 쉽게 구별하려는 이유에서다. 이는 그 전에 불법이 성행했다는 방증이다.

한편 해경이 불법 키조개 업자를 조사하다 얻은 정보로 고려청자를 비롯한 문화재를 건져 올린 적도 있다. 업자는 키조개를 캐러 바다에 들어갔다가 700년 이상 바다 속에 묻혀 있던 보물을 발견하고는 몰래 숨겨 두었다가 덜미를 잡혔다.

조개 목숨, 폐각근에 달려 있다

키조개는 부족류 사세목 키조개과에 속하는 연체동물이다. 껍데기 길이 30㎝, 높이 15㎝, 너비 10㎝에 이를 정도로 큰 조개다. 몸 색깔은 암록갈색 또는 암록황색이다. 7~8월에 알을 낳으며 펄갯벌이나 펄과 모래가 섞인 혼합갯벌에서 자란다. 광양만, 여자만, 가막만과 진해만, 남해 일대에서 주로 산다. 즉 서해와 남해에 고루 분포한다. 알을 낳는 여름에 대비해 봄철에 몸을 불리기 때문에 4~5월이 제철이다.

껍데기 모양새가 곡식을 까부르는 키를 닮아 키조개라고 부른다. 부산에서는 채지조개, 마산과 진해에서는 챙이조개, 군산과 부안에서는 게지, 다른 전라도 지역에서는 게이지, 개두, 보령과 서천, 홍성에서는 치조개라고 한다.

아무리 다그쳐도 입을 열지 않고 묵묵부답인 상황을 '조개 입 다물 듯하다'고 한다. 입을 열어 죽을 운명이라면 죽어도 입을 열지 않으리라. 이매패류 특징이다. 조개가 입을 꾹 다물 수 있는 것은 두 조가비를 꽉 붙잡는 폐각근 덕분이다. 아무리 힘이 센 장사도 맨손으로는 열기 어렵다는 것이 조개 힘살, 폐각근이다. 폐각근이 가장 단단한 조개가 바로 키조개다.

키조개는 껍데기는 크지만 요리에 주로 쓰는 부위는 이 폐각근이다. 패주, 관자라고도 부르며 일본에서는 가이바시라(貝柱)라고 한다. 그래서 키조개를 손질할 때 가장 먼저 하는 일이 날카로운 도구를 집어넣어 폐각근을 제압하는 일이다. 꼬막, 바지락, 백합과 마찬가지로 키조개도 폐각근이 힘을 다하면 운명한다. 그제야 비로소 새도, 인간도 조개 맛을 볼 수 있다.

폐각근은 조개 앞뒤에 달려 있어 전폐각근과 후폐각근으로 나뉜다. 키조개는 전폐각근이 작고 후폐각근이 아주 크다. 백합, 대합, 바지락 등은 전폐각근과 후폐각근이 같고, 국자가리비, 큰가리비는 전폐각근이 소실되어 후폐각근이 큰 단근이다. 참고로 폐각근은 닫는 역할을 하지만 인대는 숨을 쉴 때 살짝 여는 역할을 한다.

키조개를 손질할 때 가장 먼저 하는 일이 날카로운 도구를 집어넣어 폐각근을 제압하는 일이다.

참 맛있는 트리오, 키조개 삼합

손잡이가 있는 도구로 키조개 껍데기를 열면 안에는 관자, 내장, 외투막(날개살과 쪽지살)이 들어 있다. 관자는 동그랗다. 먼저 관자를 들어내면 함께 붙은 내장과 외투막을 꺼낼 수 있다. 내장은 버리고 외투막은 된장찌개나 국, 젓갈을 만들 때

키조개젓갈

넣기도 하고, 데쳐서 먹기도 한다. 끈적끈적한 점액질에 싸여 있어 소금으로 비벼서 씻어 낸다. 보성군 장도에서는 외투막을 며칠 소금에 간해 두었다가 무쳐 먹기도 한다. 이를 키조개젓갈이라 부른다.

관자는 부드럽고 쫄깃한 데다 고단백질에 저열량이기까지 하다. 회, 데침, 구이, 무침, 꼬치, 전, 탕, 초밥, 죽 등으로 즐길 수 있고 다른 요리에 곁들여도 잘 어울린다.

구이를 할 때는 관자에서 나오는 육즙을 잘 써야 하며, 쫄깃한 식감을 원한다면 건관자를 쓰는 게 좋다. 대개 버터를 두르고 굽는데 버터만 넣으면 쉽게 타기 때문에 올리브유를 곁들이는 것을 추천한다. 버터와 올리브유를 두른 팬에 마늘을 넣어 익힌 다음 관자와 여러 채소를 넣어 볶고서 소금과 후추로 간을 맞춘다. 관자회나 관자데침은 초장보다는 기름소금에 찍어 먹어야 담백한 맛을 더 느낄 수 있다. 회나 데침에는 채소도 곁들인다. 이뿐 아니라 팔보채, 우동 등에 관자를 넣기도 한다.

다양한 요리가 있지만 역시 키조개하면 삼합을 빼놓을 수가 없다.

껍데기를 열고 관자를 떼어 내면 내장, 외투막이 함께 붙어 있다. 이 중 외투막은 된장국에 넣기도 한다.

키조개 관자

키조개삼합

여수에서는 키조개삼합에 새조개를 넣기도 한다. 종류에 따라 키조개삼합이 되고 새조개삼합이 되기도 한다.

키조개삼합은 대개 키조개에 새조개, 삼겹살, 소고기(차돌박이), 전복 등을 더하고 김치, 깻잎, 명이 등을 곁들인다. 키조개와 조합을 이루는 재료는 지역에 따라 다르다. 여수에서는 키조개+삼겹살(낙지)+묵은 김치 조합이다. 삼겹살을 굽다가 낙지를 넣고 살짝 익힌 다음 키조개를 넣는다. 낙지 대신 새조개를 넣기도 하지만 너무 비싸서 자주 먹는 조합은 아니며 새조개를 넣으면 새조개삼합으로도 부른다. 끝으로 부추 같은 채소를 넣으며, 겨울에는 시금치를 넣는다. 장흥에서는 키조개+소고기+표고버섯 조합으로 먹는다.

거문도에서는 학공치를 많이 잡으면 포를 떠서 조미한 다음 햇볕에 말린다.
그냥 먹어도 좋고 살짝 구워 먹어도 좋다. 맥주 안주로, 간식거리로 자꾸 손이 간다.

학공치
가을비를 좋아하는 감성어

『우해이어보』를 지은 김려에 따르면 학공치는 "비를 좋아해 가을비가 올 때는 떼를 지어 물 위로 떠오른다"고 했다. 이를 보면 풍류를 아는 것은 사람만이 아닌 모양이다. 몸은 전체적으로 미끈하게 뻗었고, 주둥이는 학 부리처럼 뾰족하며, 몸 색깔은 반짝반짝 빛나다 못해 투명해 보이기까지 하는 학공치가 가을비 내리는 바다 위로 떠오르는 모습을 생각하면 학공치는 풍류를 즐기는 것을 넘어 그 자체로 풍류가 된 것은 아닌가 싶다.

학 또는 코끼리를 닮았다

칠천도 장안마을과 거제도를 잇는 다리가 한눈에 보이는 장안 선창에서 중년 남녀 10여 명이 낚시 삼매경에 빠져 있었다. 여기저기서 탄성을 지를 때마다 반짝이는 은빛 바닷물고기가 낚싯줄에 매달려 올라왔다. 학공치였다.

학공치는 조기강 동갈치목 학공치과에 속하는 바닷물고기다. 등은 청록색이고 배는 은빛으로 반짝이며 그 사이 근육은 반투명하다. 4~6월에 해조류에 알을 낳아 붙인다. 봄부터 여름까지 무리 지어 생활하는 표층어류로 동물성 플랑크톤을 먹는다. 그래서 이 무렵 낚시에 자주 잡히기도 하지만 조류가 바뀌거나 환경 변화를 감지하면 금방 사라지기도 한다. 학처럼 부리가 길어서 학공치라 했다. 학꽁치, 공치, 공미리라고도 한다.

『우해이어보』에서는 학공치를 이렇게 적었다. "공치(虹鱂)는 상비어(象鼻魚)다. 이곳 사람들은 '곤치'라고 부른다. 몸이 가늘고 길며 옥빛으로 주둥이가 있다. 위쪽 주둥이는 새 부리처럼 길고 침처럼 뾰족하며 엷은 황색이다." 이름에 상비어라 덧붙인 것은 부리가 코끼리 코처럼 머리 앞으로 길게 나왔기 때문이리라. 그러나 실제로 학공치를 보면 위쪽이 아니라 아래턱이 길고 뾰족하다.

김려가 유배 생활한 진동만(진해만 일대)에서는 학공치를 공치 혹은 곤치라고 했다. 창원 용운시장에서 만난 생선가게 주인에게 이름을 물으니 역시 곤치라 했다. 용운시장은 수산시장과 관광지를 결합한 곳으로 여행객이 많이 찾는다.

『자산어보』에서는 침어(針魚), 속명은 공치어(孔峙魚)라 했고, 『난호어목지』에서도 중국 명칭인 침어로 기재하고 한글로는 공지라 하면서 다음과 같이 설명했다. "비늘이 없는 소어(小魚)다. 큰 것이 불과 두서너 치(한 치는 약 3cm)다. 몸은 빙어와 같으나 등에 실무늬가 있어 푸른색과 흰색이 교차한다. 주둥이에는 검은 가시가 하나 있는데 침과 같으므로 본초(本草)에서는 속명을 강태공조침어(姜太公釣針魚)라 한다."

물메기잡이로 겨울을 나는 통영 추도에서 하룻밤을 지내고 다음날 배를 타고자 한목마을 선착장에서 배를 기다리고 있을 때였다. 시간이 좀 남아서 몽돌해변을 거닐다 같이 갔던 분이 해변으로 밀려온 커다란 물고기를 들어서 학공치를 잡았다고 소리쳤다. 닮았는데 학공치는 아니었다.

나중에 도감을 찾아보니 동갈치였다. 학공치와 같은 동갈치목으로 분류되며, 작은 어류나 갑각류를 먹고 산다. 동갈치목에 속하는 어류

칠천도 한 선창에서 태공들이 학공치를 낚느라 정신이 없다. 학공치는 물때에 따라 무리 지어 잠깐 나타났다 사라지기에 이때를 놓치면 입질도 하지 않는다. 설령 찌를 물었다 하더라도 성질이 급한 학공치는 몸부림치다 다시 풍당 바다로 돌아가기도 한다.

주둥이가 뾰족해서 학공치로 불린다. 『우해이어보』에서는 주둥이가 코끼리 코처럼 길다고 해서 상비어라고 기록했다.

소래어시장에서 동갈치와 학공치가 함께 나온 것을 봤다. 보기 드문 모습이다.

통영 추도 해안가에서 우연히 만난 동갈치. 학공치보다 길다.

는 동갈치, 학공치, 꽁치, 날치 등이다. 이 중 학공치, 동갈치, 꽁치가 비슷한 모양으로 꽁치 삼총사다. 꽁치는 청어 대신 과메기 재료로 쓰이는 생선으로 몸이 도톰하고 날렵하다.

그럼 학공치와 동갈치는 어떻게 다를까? 우선 크기가 다르다. 학공치는 40㎝ 정도로 자라지만 동갈치는 1m까지 자란다. 그렇지만 성어 학공치와 어린 동갈치라면 헷갈릴 수 있다. 주둥이가 가늘고 긴 것은 둘이 비슷하지만 동갈치는 위아래 턱이 모두 길다. 게다가 이빨도 날카롭다. 반면에 학공치는 아래턱이 위턱보다 훨씬 길다. 그리고 막 잡은 학공치는 아래턱 끝이 황적색을 띠다가 나중에 검은색으로 변한다.

가을비 내리는 바다 위로 떠오르다

학공치는 봄에 알을 낳고 여름을 지나 가을이 되어야 맛이 깊어진다. 찬바람이 불기 시작하고 수온이 떨어지면 남쪽 깊은 바다로 이동하므로 그 전에 맛봐야 한다. 낚시꾼의 유혹을 떨치지 못하는 것도 이때다. 칠천대교 다리 밑 포구에서, 남해 손도해협 죽방렴에서, 거문도 바다에서 낚시꾼 밑밥에 속아 운명을 달리한 학공치가 셀 수도 없이 많다.

김려는 학공치가 "비를 좋아해 가을비가 올 때는 떼를 지어 물 위로 떠오른다"고 했다. '눈 본 대구요, 비 본 청어다'라는 속담이 있는데 학공치도 청어처럼 비를 좋아하는 모양이다. 청어는 진달래 피는 봄에 잡기 시작한다. 어쩌면 청어는 학공치와 달리 봄비를 좋아하는지도 모르겠다.

청어는 그물을 이용해 대량으로 잡아 가공하기 때문에 일찍이 기업형 어업의 희생양이 되었지만 학공치는 달랐다. 우선 긴 주둥이 탓에 그물질이 쉽지 않아 학공치만을 목적으로 조업하지는 않았다. 쉽게 변하는 생선살도 문제였다. 그래서 학공치는 현지 어민 밥상에만 올랐다.

옛날에는 학공치를 잡으려고 밑밥을 끼우는 대신 횃불을 올렸다. 학공치가 횃불을 좋아하는 게 아니라 학공치가 좋아하는 동물성 플랑크톤을 불빛에 모아 학공치를 잡는 방식이었다. 옛 어부들의 지혜가 돋보이는 대목이다. 이유원의 『임하필기』에도 "입에 바늘이 있어 '침어'라고 하는데 밤에 물 위로 떠오르기에 송진에 불을 밝혀 그물로 잡는다"고 기록되어 있다.

이렇게 횃불 아래 모여든 학공치를 반두로 잡았다. 반두는 뜰채그물 일종이다. 이 외에 연승이나 지인망으로도 잡았고 일본에서는 석조망으로 잡았다고 한다. 석조망은 그물을 놓고 돌멩이를 바다에 던지거나 뱃전을 두드려 학공치를 비롯해 숭어, 전어, 고등어, 멸치 등 모여서 이동하는 어류를 잡는 어법이다. 오늘날에는 저인망, 소형선망, 연안 유자망 등으로 잡는다.

곱상한 외모와 달리 속은 음흉한 생선?

여수시 삼산면 거문리 고도 앞 옛 선착장, 이른 아침 한 어머니가 손수레 위에 그물을 씌운 직사각형 틀을 올려 생선을 널고 있었다. 길

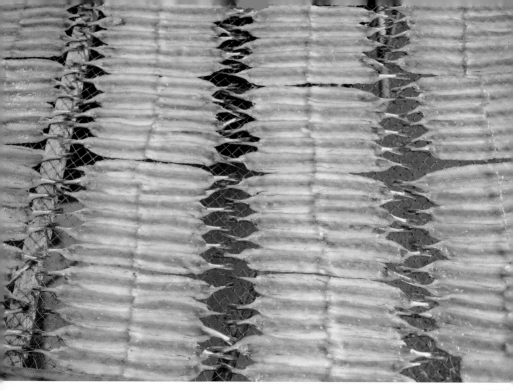

조미해서 말려 놓은 학공치

쭉한 것이 멀리서 보면 갈치 새끼인 풀치 같았다. 가까이 다가가서도 한참을 살폈다. 머리가 없고 지느러미도 없고 꼬리도 없으니 바로 알기 어려웠다. 한참 쳐다보고 있으니 어머니가 학공치라 알려 줬다. 거문도에서는 학공치를 손질해 조미한 다음 말려서 판다. 구워 먹어도 좋고, 조림을 해도 좋다.

지금까지 먹어 본 학공치 요리 중에서는 회가 가장 맛있었다. 특히 여수시 삼산면 광도에서 막 잡아 손질한 학공치회를 직접 빚은 막걸리 안주로 먹었을 때를 지금도 잊을 수 없다. 광도는 손죽열도에서 가장 멀리 있는 유인도다. 여수에서 거문도로 가는 뱃길에서도 벗어나 있어 손죽도에서 하룻밤을 자야 갈 수 있는 섬이다. 그곳에는 마치 수

도자처럼 절벽에 작은 집을 짓고 사는 노부부가 있다. 이웃이 한두 가구 있지만 섬에 두 부부만 있을 때가 더 많다.

학공치구이

갑작스럽게 방문한 나그네에게 대접할 것이 없다며 할아버지는 낚시로 막 잡아 온 학공치를 손질해 회를 썰고, 할머니는 직접 빚은 막걸리를 가져왔다. 거문도와 초도와 손죽도를 바라보며 즐기는 막걸리 한 잔, 회 한 점이라니! 씹는 맛은 사각사각, 학공치 몸 색깔만큼이나 맑고 경쾌했다. 혀끝에 전해지는 맛은 달았다. 이래서 김려는 회로 먹으면 매우 맛있다고 했고, 정약전도 회는 맛있고 산뜻하다 했던 모양이다. 단, 학공치회는 시간이 지나면 비린내가 강해지므로 신선할 때 먹어야 한다. 먹다 남은 회는 회무침을 해도 좋다. 물론 회무침의 목적은 비빔밥이다.

학공치무침

남해군 손도해협 지족마을 입구에서는 막 잡은 학공치 머리를 제거하고 등뼈 좌우로 포를 뜬 다음 상자에 정성스럽게 담는 어민을 만났다. 횟집에서 사

학공치회

용하는 하얀 면 수건을 밑에 깔고 학공치를 한 겹 깔고 다시 면 수건

여수 손죽열도 끝자락에 있는 광도에서 그곳에 사는 할머니가 직접 내린 막걸리와 할아버지가 직접 잡은 학공치로 대접을 받았다. 나그네에게 선뜻 친절을 베풀어 준 두 분은 아마 사람이 그리웠던 것 같다.

을 깔아 학공치를 올렸다. 그렇게 여러 겹을 쌓은 다음 얼음을 넣어 마무리했다. 서울로 보낼 거냐는 물음에 뒤도 돌아보지 않고 일본이라고 답했다. 남해에서 잡은 학공치가 일본으로 건너간다니, 의아스러웠다.

　일본에는 '학공치 같은 사람'이라는 속담이 있다. 깨끗하고 단정한 외모와 달리 속내는 음흉한 사람, 특히 그런 여성을 가리킨다. 신선한 학공치를 보면 속이 보일 정도로 투명해 뱃속의 검은 복강막을 볼 수 있다. 해조류 등을 먹어 생긴 현상으로 햇빛이 내장에 닿지 않도록 하기 위한 것이라는 주장도 있다. 복강막은 손질할 때 반드시 제거해야 한다. 이처럼 속담에 학공치가 등장하는 것을 보면 일본인이 학공치를 얼마나 좋아하는지 알겠다.

남해군 지족마을에서 막 잡아 손질한 학공치포를 한 줄 한 줄 정성스럽게 넣는 어민을 만났다. 어디로 보낼 것이냐고 물으니 일본으로 보낸다고 했다. 부산에서 배로 보내면 늦어도 다음날 아침 일본에서도 싱싱한 학공치회를 맛볼 수 있다.

여수 금오도에서 만난 풍경.
바닷가 사람들은 반짝반짝 빛나는 검은 김보다 파래김을 더 좋아한다.
거칠고 고소한 맛에 익숙해졌기 때문이다. 전혀 가공하지 않고 바다에서 뜯어 그대로 볕에 말린다.
그래서 모양도 다양하다.

투박함 속에 깃든 느림의 미학

파래는 언뜻 보면 특별할 게 하나 없다. 파래김이며, 파래무침만 봐도 그렇다. 그러나 파래가 밥상에 오르기까지 여정을 살피면 겉보기로는 따질 수 없는 정성이 가득하다는 것을 알수 있다. 여전히 파래는 갯벌을 맨손으로 매며 채취해야 하고, 파래김을 만들 때는 갯바위에 붙은 파래와 김을 뜯어 칼로 다지고 씻어 내기를 반복한 다음 일일이 김발에 말려야 한다. 많은 것이 빠르게 지나가고 반듯반듯한 것만 이목을 끄는 이 세상에서 더디고 투박하지만 정성 가득한 파래가 주는 의미는 그래서 각별하다.

빛깔이 푸르른 해태

파래는 갈파래목 갈파래과에 딸린 해조류를 통틀어 일컫는 말로 가시파래, 갈파래, 구멍갈파래, 모란갈파래, 초록갈파래, 납작파래, 창자파래, 격자파래, 잎파래, 매생이 등이 있다. 이 중에서 사람들이 보통 파래라고 하는 것은 감태로 알려진 가시파래다. 참고로 진짜 감태는 다시마목 미역과에 속하는 갈조류로, 전복이나 소라 먹이이자 물고기가 알을 낳는 바다숲을 이루는 식물 중 하나다. 특히 가시파래와 매생이는 남도 맛으로 유명하다. 맛이 없어 사료용으로 쓰는 갈파래를 제외하고 파래류는 모두 먹을 수 있다.

파래는 대개 민물이 들어오는 갯바위에 붙어살며 단백질, 무기염류, 비타민 등을 함유한다. 종류에 따라 조금씩 다르기는 하지만 보통 늦가을에서 초여름까지 자란다. 가시파래와 매생이는 12~2월까지 채취한다. 이 시기가 지나면 색이 변하고 억세져 맛이 없다. 적응력이 아주 강해 열대지방에서 극지방까지 자라지 않는 곳이 없다.

파래는 생명력이 강하다. 갯벌 위에서도 자라고, 바다에 잠긴 나뭇가지, 양식장 줄 그리고 바닷물이 고인 웅덩이에서도 자란다. 단, 오염되지 않은 곳이어야 한다.

재어 놓은 파래

재어 놓은 매생이

『자산어보』에서는 해태라고 하며 "뿌리가 돌에 붙어 있으며 가지가 없다. 돌 위에 가득 퍼져서 자란다. 빛깔이 푸르다"라고 적었다. 해태라면 혹시 김을 가리키는 게 아닐까 하고 생각할 수도 있다. 사실 김은 해태가 아니라 해의라고 썼다. 해태라고 쓴 것은 일본이고, 일제강점기 전후 그 말이 우리나라에 들어온 것이다. 당시 동아일보 기사(1938년 3월 8일)를 보면 조선 고전에서는 김을 '해의'라고 쓰고 속명으로 '짐'이라 칭한다고 했다. 김은 홍조류로 색깔이 보라색이거나 붉은색이다. 『자산어보』에 실린 해태는 "빛깔이 푸르다"고 했으니 파래가 맞다.

또한 『자산어보』에서는 가시파래를 감태라고 부르며 "매산태를 닮았으나 다소 거칠고, 길이는 수 자 정도이다. 맛은 달다. 갯벌에서 초겨울에 나기 시작한다"라고 했다. 감태는 이끼처럼 생기고 단 맛이 난다 해서 붙은 이름이다.

파래 중에는 이름을 지역명에서 따온 경우도 있다. 그중 하나가 구강태다. 전남 강진군 강진읍 강진만(도암만)은 아홉 물줄기가 만나서 바다로 흘러드는 곳이라 해서 구강포라고 부르며, 구강태는 이곳 갯벌에서 자라는 파래다. '강진 원님은 구강태를 자랑한다'는 옛말이 있을 정도였고 특히 구강태 김치가 유명했다. 구강태를 깨끗하게 씻어 물기를 없애고 멸치젓에 담근 다음 간장으로 간을 해서 숙성했다. 지금은 이 갯벌에서 파래를 뜯기는 어렵지만 강진만 길목인 남포마을에서는 여전히 정월대보름이면 마을 제사를 지내며 이때 파래(구강태)를 올린다.

남포마을에서는 정월대보름이면 하늘과 땅에 올리는 천제와 지제를 지낸다. 이때 제물로 파래를 준비한다. 제사가 끝나면 파래를 놓고 그 위에 떡과 건어물로 헌식한다. 남포마을은 아홉 물줄기가 만나 강진만으로 흘러드는 길목이다.

겨울 효자 vs. 골칫거리

우리나라 해조류 양식은 김과 미역에 편중된 탓에 과잉 생산, 품질 저하, 소비 감소 같은 문제가 발생했다. 남해해양연구소는 이런 상황에 대처하고자 1990년대 후반부터 가시파래 양식을 보급하고 있지만 아직까지 파래는 대부분 갯벌에서 자연산을 채취한다. 그래서 특히 가시파래를 채취할 때는 '맨다'라고 한다. 호미로 밭을 매듯이 갯벌을 맨손으로 헤집으며 채취하기 때문이다. 김 양식이 활발하지 않은 완도, 신안, 무안, 함평 등지 어민에게 가시파래와 매생이는 겨울 효자로 불릴 만큼 짭짤한 소득원이 된다.

파래 채취는 마을에 따라 공동 작업과 개별 작업으로 나뉜다. 공동 작업은 채취, 판매를 모두 공동으로 하는 경우로 완도 고금도가 대표적

파래는 갯벌에서 자라기에 우선 바닷물로 여러 차례 씻은 다음 물이 들면 배로 옮긴다.

겨울철 오염되지 않은 갯벌에는 파래가 파랗게 덮힌다. 날씨가 따뜻해지면 파래는 봄눈 녹듯 사라진다.

이다. 가공업자에게 요구 물량을 미리 받아 물때에 맞춰 마을 주민이 함께 채취하러 간다. 개별 작업은 마을 어장이나 인근 갯벌에서 개별적으로 채취해 시장이나 공장으로 파는 것을 일컫는다. 파래는 채취보다 세척하는 데 시간이 더 많이 걸린다. 개별 작업하는 지역에서도 일손이 있으면 다른 마을 공동 어장으로 가서 작업하기도 한다.

파래를 뜯어 잘 씻은 다음 이물질을 하나하나 제거해야 한다. 손이 많이 가는 일이다.

한편 파래가 골칫거리인 곳도 있다. 파래는 김발에 붙어 자라기도 하기에 김 농사를 짓는 사람에게는 불청객이다. 깨끗한 김을 선호하는 소비자가 많아 김발에서 파래를 떼어야 하기 때문이다. 한두 줄 양식할 때야 모르지만 규모가 크면 쌀에서 섞인 뉘를 주워 내기가 더 쉬울지 모른다. 그래서 '김발에 파래 일면 김 농사는 하나마나'라는 말까지 나왔다. 이런 상황에서 가장 손쉬운 방법은 파래만 죽이는 약을 치는 것이다. 김에 염산을 뿌린다는 말이 이래서 나왔다. 상품도 겉보기만 보고 고르는 외향지상주의가 만들어 낸 결과다.

제주도 해안부터 부산 해운대 그리고 인천 연안에서도 간혹 밀려드는 파래와 괭생이모자반 때문에 골치를 앓고 있다. 주문도로 가는 배 위에서 실제로 바다에 떠 있는 기다란 파래 띠를 봤다. 조류를 따라 연안으로 흘러가고 있었다. 이런 현상은 질소 과다, 수온 상승 같은 해양 환경 변화에 따른 이상 번식으로 나타난다. 파래는 수질 오염, 염분 농도와 수온 변화 같은 외부 변화에도 내성이 강하고 왕성하게 번식하니 당해 낼 재간이 없다. 이용하는 것도 한계가 있다. 이런 파래가 연안에 쌓여 썩으면서 악취를 풍기고 연안 환경을 오염시키기도 한다. 이 역시 사람이 빚은 결과이니 누구를 탓할까.

남해군 하동면 노량리에서 파래 말리는 모습. 농촌이나 산촌에서는 무시래기 말리는 것을 곧잘 볼 수 있다. 채소가 나오지 않는 때에 대비한 반찬거리다. 어촌에서는 파래와 모자반 말리는 풍경으로 대체된다.

인천 옹진군 주문도와 볼음도로 가는 뱃길에서 길게 띠를 이루는 파래를 봤다. 중국에서부터 조류를 따라 밀려와 양식장에 피해를 주고 여름철 해수욕장을 망치는 괭생이모자반처럼 파래도 그렇다.

추자도에 깃든 전라도 맛

추자도는 제주도 서귀포시 한림읍에 속하는 섬이다. 원래는 전라남
도 소속이었다가 1946년에 제주도로 행정 구역이 바뀌었다. 오랫동
안 전라도에 속해 있었고 뱃길도 그리로 연결되어 왕래가 잦았기에
언어와 풍속은 제주도보다는 전라도와 닮았다. 그 증거 중 하나가 국
파래다.

상추자도 후포마을을 지나다가 나이 지긋한 노부부가 갯가에 쪼그
리고 앉아 열심히 무엇을 뜯는 게 보였다. 파래였다. "여기서는 국파
래라고 해요. 돌이 있어서 일일이 가새(가위)로 하나씩 베요. 한참을
뜯어야 해요. 다른 데는 나질 않아요. 추우면 잘 안 커요. 그래서 겨울

추자도에서 국파래를 뜯는 노부부를 만났다. 국파래를 처음 보기도 했거니와 추자도에서는 잔치 때 국파래냉채를
먹었다는 말도 처음 들었다. 실제 국파래 요리 본 곳은 전남 고흥 연홍도였다. 추자도 음식은 전라도 음식과 많
이 닮았다.

국파래냉채   합자젓국

에는 나질 않아. 봄, 가을에도 안 나고. 추자도 사람은 안 먹는 사람이
없어요. 말리면 1kg에 만 원이에요. 파 넣고 추자도 액젓 넣고 다글다
글 무쳐도 맛있어요. 여름에는 채국을 해요. 국파래에 오이, 양파, 미
역, 마늘, 생강, 된장 넣고 냉국을 해 먹어요. 추자도에서 잔치할 때 이
거 안 내는 데가 없어. 국파래냉채. 합자라고, 잘잘한 새담치를 삶아서
국파래할 때 같이 넣으면 좋고. 제주도는 이거 할지 몰라. 제주도는 몸
국이고." 합자는 홍합이고, 새담치는 어린 홍합을 가리키는 듯하다.

추자도 국파래냉채는 합자젓국으로 간을 맞추는 것이 특징이다. 합
자젓국은 홍합을 삶고 남은 국물을 졸여 만드는 것으로 간장 대신 쓴
다. 추자도를 비롯해 홍합이 풍부한 남해안 매물도, 욕지도, 갈도 등에
서 파래, 김, 몰 등 해조류 무침이나 비빔밥, 국, 탕 등에 넣는 천연조미
료다. 홍합 한 망을 한나절 삶아서 얻는 젓국이 반 되 정도에 불과하니
양도 양이지만 정성이 지극해 귀한 젓국이다.

그 귀한 냉채를 추자도가 아닌 전남 고흥 연홍도에서 맛볼 수 있었
다. 전라남도가 추진하는 '가고 싶은 섬 가꾸기' 사업에 연홍도가 선정
되어 자원 조사를 하고자 며칠 섬에 머무를 때 갤러리 〈섬 in 섬〉 안

주인이 만들어 내왔다. 맛 자체는 일반 파래냉채와 큰 차이가 없지만 식감은 더 부드러웠다. 추자도 음식 문화가 전라도와 맥을 같이 한다는 것을 작은 냉채 하나로도 알 수 있었다.

그리움 끝에 배어나는 고소함

여수 금오도, 추도, 사도 그리고 통영 추도에 가면 제대로 된 파래김을 볼 수 있다. 주민들이 자식에게 주려고 담장 밑에 두고 말린다. 파래김은 집 앞 갯바위에 붙은 파래와 김을 뜯어 칼로 다지고 씻어 내기를 반복한 다음 김발에 떠서 말려 만든다. 검은색 김은 부드럽고 고소한 맛을 바로 느낄 수 있지만 파래김은 거칠어 한참을 씹어야 쌉쌀함 끝에 배어나는 고소함을 맛볼 수 있다. 그래도 반짝반짝 윤이 나는 검은색 김은 너무 비싸서 먹지 못하던 그 시절 어머니 손맛 같아서 자꾸 찾게 된다. 다행히 이런 사람이 많은지 산지에서는 여전히 파래김

여수 사도에서 본 파래김. 집에서 먹을 것은 모양을 내지 않아도 된다.

통영 추도에서 본 파래김. 시장에서 팔 것은 모양을 내야 한다.

을 만들어 판매한다.

전라도에서는 파래로 김치도 담근다. 이 김치를 '포래지'라고 한다. 전라도 말로 포래는 파래, 지는 김치다. 포래지를 담글 때는 뻘파래가 으뜸이다. 펄갯벌이 발달한 전라도에 맞는 식재료다. 손질할 때는 맨 먼저 파래에 붙은 이물질을 깨끗이 씻어 내야 한다. 펄에서 자라다 보니 조개나 굴 껍데기, 펄이 많이 붙어 있다. 그런 다음 물기를 최대한 없애고 적당한 크기로 자른 다음 맑은 젓국 (합자젓국이라면 더욱 좋다), 마늘, 통깨만 넣고 버무려 숙성시킨다. 바로 먹어도 좋지만 1~2주 숙성시켜 먹으면 더욱 맛있다. 포래지와 함께 감태김치(감채지)도 겨울철 남도 갯마을 별미다.

어머니에게 파래김치를 담그는 일은 자식을 기다리는 일이다.

전라도에서 포래지라고 부르는 파래김치

막 채취한 파래를 넣어 만든 부침개

우리가 가장 흔히 맛볼 수 있는 요리는 파래무침이다. 그냥 파래만 무쳐도 좋고 무, 멸치와 무쳐도 맛있다. 통영에서 먹었던 국파래무침도 좋았다. 홍합을 참기름에 볶다가 국파래를 넣고 다시 볶는다. 국물이 자박자박할 때 멸장과 다진 마늘과 파를 넣는다.

술 한 병에 군평선이 네 마리.
안주 때문에 술을 마시는 건지, 젓가락이 멈출 줄을 모른다.

군평선이
젓가락질이 멈추질 않는다

군평선이는 담백하고 고소한 맛으로 여수가 자랑하는 열 가지 맛 중 하나로 꼽힌다. 여수 사람들은 영광굴비와도 바꾸지 않는다고 자부심을 드러낼 정도다. 하긴 그렇게 맛이 좋으니 이순신 장군도 반했다 하고, 남편 몰래 챙겨 두었다가 '샛서방'에게만 준다는 우스갯소리까지 나왔으리라.

'까시가 얼레빗' 같은 생선

군평선이는 농어목에 속하는 바닷물고기다. 『자산어보』에서는 골도어, 속명은 다억도어라고 하며 "크기는 0.4~0.5척이다. 형상은 강항어와 유사하다. 색은 희고 뼈는 매우 단단하다. 맛은 싱겁다"고 설명했다. 다억도어는 딱돔, 즉 단단한 돔이라는 뜻에서 비롯한 것으로 본

딱 봐도 강하다. 골도어라 했던 이유를 알 듯하다. 여수에서는 백반집 상에, 통영에서는 다찌집 상에 오른다.

돌돔. 군평선이를 잘 모를 때는 돌돔과 헷갈렸다. 군평선이는 등지느러미가 강력하고, 꼬리와 등지느러미가 노랗다. 몸에 난 가로무늬 색깔도 차이점이다. 돌돔은 검은색, 군평선이는 암갈색이다.

다. 골도어나 다억도어나 모두 뼈가 단단한 것을 강조하는 이름이다. 이름에서 알 수 있듯 군평선이의 가장 큰 특징은 뼈다. 특히 등지느러미가 무척 강하다. 이런 등지느러미를 극조라고 한다.

전남 진도, 목포, 신안 등에서는 딱돔, 닭돔으로 불린다. 닭 벼슬을 닮아서이거나 단단한 닭 뼈를 닮아서라는 의견도 있지만 근거를 찾기는 어렵다. 여수에서는 꽃돔이라고도 한다. 황갈색 몸, 뚜렷한 암갈색 가로무늬 6개, 노란색 등지느러미와 꼬리 때문에 바다에 핀 꽃처럼 보인 모양이다. 언뜻 작은 멸치를 즐겨 먹는 돌돔과 헷갈릴 수 있다. 돌돔은 극조가 군평선이처럼 크고 강하지 않으며, 가로무늬는 7개이고 검은색이다.

백반 집에서 마주보며 식사를 하던 한 어머니는 군평선이 등지느러미를 보며 "까시가 얼레빗이다"라고 했다. 완도군 생일도에서 막 건져 올린 군평선이를 본 적이 있는데 날카로운 등지느러미가 정말 영락없이 얼레빗 모양이었다. 전남 벌교에서는 얼게빗등어리, 전남 법성포에서는 챈빗등이, 딱때기라고 부르며 경남 통영에서는 꾸돔이라고도 한다.

맛 좋은 생선이건만 낚시꾼

등지느러미가 두드러지는 군평선이

서망항 위판장에서 상자에 가득 담긴 군평선이를 만났다. 식당에서 몇 마리씩 보다가 상자에 가득 담긴 생선을 보니 새롭다. 꽃게잡이 자망이나 안강망에 잡힌 것이리라.

이나 어부에게는 몸이 좋은 참돔, 감성돔, 돌돔과 달리 잡어 취급을 받아 왔다. 그게 억울했는지 군평선이는 마치 맛을 보고 판단해 달라고 불평이라도 하듯 입을 쭉 내민 형상이다. 그래서일까, 영어권에서는 불만에 찬 듯한 입 모양을 본 따 Grunt(불평하다)라고도 한다.

우리나라 서해와 남해, 일본 남부 해역, 동중국해, 대만 해역에 산다. 겨울철에는 인도양 북서부에 있는 소코트라 섬 남부 해역에 살다가 봄이 되면 동중국해 및 우리나라 연안 얕은 바다로 이동한다. 봄과 가을이 제철이며 4~8월에 알을 낳는다. 모래가 많은 갯벌에 무리 지어 살며 새우류, 등각류, 다모류 같은 저서생물을 먹고 산다.

군평선이를 제대로 본 것은 진도군 서망항*에서였다. 이곳 바다에 넣어 둔 자망이나 안강망에 걸려든 것을 운 좋게 봤다. 무리 지어 다니기 때문에 잡히면 그물에 한 무리가 들지만 그렇지 않을 때는 구경하기도 힘들다. 진도 외에도 목포, 여수, 녹동, 법성포 어시장 정도에서 가끔 볼 수 있고, 특히 목포나 여수에서는 상당한 양이 잡힐 때가 있다.

*서망항
서해와 남해가 나뉘는 진도 남쪽 끝자락에 있는 국가어항이다. 국가어항은 현지 어선 80척 이상, 총 톤수는 200톤 이상, 어획고는 연간 1,000톤 이상이어야 하며, 연간 100척 이상 외부 어선 수용, 기상 악화 시 주변 도서 대피항 기능을 해야 한다. 서망항에는 진도항로표지종합관리소가 있어 주변 바다를 오가는 배의 안전을 책임진다. 또한 자동항법장치가 설치되어 있어 인근 맹골죽도, 조도 등대와 연결된다.

영광굴비와도 바꿀 수 없다

군평선이는 여수가 자랑하는 열 가지 맛 중 하나로 지역민은 영광 굴비와도 바꾸지 않는다며 자부심을 드러낸다. 여수에서는 샛서방고기, 금풍쉥이라고도 한다. '샛서방'은 유부녀가 남편 몰래 만나는 남자를 뜻한다. 그러니까 남편은 주지 않고 샛서방에게나 몰래 줄 만큼 맛이 좋은 생선이라는 것이다. 군평선이는 기름기가 많은 다른 생선과 달리 담백하면서 고소하다.

여수답게 군평선이에도 충무공과 관련한 사연이 있다. 충무공이 순시를 돌다 여수에서 점심을 드셨다. 상에 오른 생선 맛을 보고 너무 맛이 좋아 이름을 물으니 아는 사람이 없었다. 그래서 당시 밥상머리에서 시중을 들던 관기 이름인 '평선'을 따 구운 평선, 군평선이라 했다고 한다.

맛과 아울러 군평선이 인기를 높이는 데 역할을 한 것이 샛서방과 충무공도 반했다는 '스토리'다. 이처럼 특산물과 관련해서는 새로운 이야기를 만들어 내는 것도 흥미롭지만 구전으로 내려오는 이야기를 찾는 것이 더 중요하다. 지역 할아버지와 할머니의 기억 속에 잠들어 있는 이야기를 수면 위로 꺼내야 한다. 특히 어촌에서는 이런 작업이야말로 바다생물도 살리고 어민과 어촌을 살리는 방안이라 믿는다.

담백해서 더 좋은 술친구, 밥친구

여수 넘너리 선착장 옆에서 어르신 네 분이 소주잔을 기울이고 있

군평선이구이(아래 세 마리). 여수에는 조기백반은 없어도 '금풍쉥이'백반은 있다. 맛보려면 두 사람 이상 주문을 해야 한다. 포장마차에서도 군평선이 몇 마리 구워서 소주 한잔할 수 있다. 서대회, 게장백반, 갯장어(하모)데침과 함께 여수 밥상을 책임진다.

다. "어이, 안주만 먹지 말고 소주 한잔해." 그중 나이가 가장 많아 보이는 어르신이 소주잔을 들다 말고 젓가락질만 하는 건너편 어르신에게 핀잔을 준다. 잠깐 멈칫하지만 젓가락질은 멈추지 않는다.

여수 사람에게 군평선이는 특별하다. 격 없는 자리에서 쉽게 반찬과 안주 삼아 먹을 수 있는 생선이기 때문이다. 군평선이구이에는 간장, 파, 참기름, 참깨, 고춧가루 등으로 만든 양념장이 필수다. 이 양념장에 구이를 한 점 떼어 찍어 먹는 맛이 어떨지는 이미 굴구이에 피꼬막까지 먹은 데다 친구 핀잔까지 들으면서도 멈출 줄 모르는 어르신의 젓가락질에서 짐작해 볼 수 있다.

최근에는 여수 교동시장 포장마차촌에서도 군평선이구이가 인기다. 소위 포촌이라 불리는 이곳은 연등천을 사이에 두고 양쪽으로 형

성되는 여수 밤의 명소다. 장어, 우
럭, 갑오징어, 굴, 키조개, 새조개
등 싱싱한 해산물이 관광객을 유
혹하지만 역시 마무리 타자는 군
평선이다.

신안군 비금도에서 쉽게 맛보기 어려운 군평선이젓을 맛봤
다. 이곳에서는 '빽빽이젓'이라 한다. 강한 뼈도 삭히고 다졌
기에 먹을 수 있다.

신안 비금도에서도 군평선이를
만났다. 천일염 고장답게 젓갈로
말이다. 세상에 젓갈로 담글 수 없
는 것은 고래 빼고는 없을 거라 농
담 아닌 농담을 했는데 군평선이
젓이라니! 하긴 구이로 좋은 생선
이니 젓갈은 말할 필요가 없긴 하

군평선이탕은 살아있는 것으로 끓여야 한다. 된장으로 간
을 맞추는 것이 특징이다.

다. 겉으로 보면 조기젓인지 군평
선이젓인지 구별할 수 없지만 뼈
가 억세니 잘 다져야 하고 먹을 때
도 조심해야 한다. 신안 비금도, 임
자도에서는 군평선이젓을 '빽빽이
젓'이라고 한다. 지역마다 생선을
부르는 이름이 달라 식당에 가면

말린 군평선이. 바로 구워 먹을 수 있고, 조림 재료로 써도
좋다. 전남 고흥 녹동항 근처 어시장에서 구입했다.

아는 생선도 꼭 이름을 묻는다. 지
역 고유 이름도 알 수 있고 주인장
설명도 들을 수 있어 재밌다.
　진도 쉬미항에서도 새로운 군

군평선이구이(통영)

평선이를 만났다. 이번에는 매운탕이다. 진도 소포리에 사는 친구가 추천한 메뉴다. 꼭 살아있는 것으로 끓여야 한다며 주인과 함께 나가 수족관에서 직접 군평선이를 건져 왔다. 단골이 아니고는 감히 할 수 없는 행동이다. 그래도 주인은 웃으면서 손질했다. 도시 식당을 마다하고 시골 한적한 단골집을 찾는 이유다. 기본 재료에 무하고 양파만 넣고 끓여 담백하면서도 깊이가 있다. 밥에도 술에도 잘 어울리는 맛이다.

게장을 먹다 보면 마지막에 남는 것이 게딱지다.
맛을 아는 사람은 미리 먹겠다고 가져가는 것도 게딱지다.
게딱지에 붙은 내장을 긁어 안에 밥을 넣고 비벼 먹어야 직성이 풀린다.

민꽃게 앞에서
힘자랑하지 말지어다

바닷가에 놀러 가면 재미 삼아 게를 잡기도 하는데 민꽃게만은 피해야겠다. 민꽃게 집게발 힘은 정말 대단하다. 어민들조차 손가락이 잘려 나갈 수도 있다며 혀를 내두를 정도다. 힘도 힘이지만 성질도 매우 사나워서 사람이 다가가면 도망가기보다는 집게발을 들어 올리고 싸울 태세를 취한다. 행여나 게장 껍데기에 비벼 먹는 밥 맛, 꽃게를 넣어 구수해진 라면 국물 맛을 떠올리며 멋모르고 덤볐다가는 큰 코 다칠 수가 있다.

조심해라, 손가락 잘린다

봄이 되니 몸도 나른한데 봄비까지 내렸다. 집에 그냥 있기가 뭐해 궁리하다 여수로 향했다. 점심을 먹고 마른 생선이라도 좀 사오자는 생각이었다. 게다가 여수 수산시장이 화재로 어려움을 겪고 있다니 들러 보는 게 마음 편할 듯했다. 기왕 가는 김에 점심도 여수시장 근처에서 먹기로 했다. 따뜻한 탕을 먹자며 아내와 의기투합했지만 정작 들어간 곳은 게장백반집이다. 게장백반이라고 하면 꽃게를 떠올리기 쉽지만 이곳 주인공은 민꽃게였다. 값도 착하고 맛도 좋기에 꽃게장보다 인기다.

민꽃게를 생각하면 지금도 검지를 구부리게 되고 등에서는 식은땀

이 흐른다. 아픈 인연이 있다. 10년도 더 전에 무안 달머리 갯벌에서 있었던 일이다. 한 방송국과 갯벌 가치에 대한 촬영을 하고 있었다. 굴을 까는 한 어머니 옆에서 이야기를 하다 굴이 많이 붙은 돌을 집었는데 순간 검지가 잘려 나가는 듯한 고통에 나도 모르게 소리를 질렀다. "으아악!"

돌 밑에 숨어 있던 민꽃게를 발견하지 못하고 돌을 건드린 것이다. 그런데 하필이면 민꽃게 집게발 근처에 내 검지가 있었고, 얼마나 소리를 질렀던지 촬영하던 기사가 그만 카메라를 떨어뜨리고 말았다. 다행히 옆에 있던 보조기사가 붙잡았기에 더 큰 사고는 면했다. 급히 면장갑을 벗고 보니 붉은 피가 뚝뚝 떨어지고 있었다. 살 속으로 파고든 집게발 때문이었다. 꽃게에도 물린 적이 있었지만 집게발 힘이 그보다 몇 배는 더 강했다.

민꽃게 집게발 힘은 정말 대단하다. 어민들은 손가락이 잘려 나갈 정도로 힘이 세다고 입을 모은다. 성질이 사납고 사람이 다가가면 도망가기보다는 집게발을 들어 올리고 싸울 준비부터 한다. 그래서 '벌떡게'라고도 한다.

『자산어보』에도 민꽃게 힘이 얼마나 센지 기록되어 있다. "큰 놈은 타원형이고 길이와 지름이 0.7~0.8척이다. (……) 왼쪽 집게발은 매우 힘이 세며 크기는 엄지만 하다. 마치 춤을 추듯 집게발을 펼치고 일어서기를 즐겨한다. 맛은 달고 좋다. 항상 돌 틈에 있기 때문에 조수가 물러가면 잡는다." 이청은 여기에 더해 "집게발은 가장 날카로워 낫으로 촐을 베듯이 물체를 잘라 낸다"고 했다. 생각해 보면 끔찍하다. 내 검지가 성한 것이 오히려 이상한 일이다.

수인선 협궤열차는 멈췄지만 갯골은 남아 있어 소래포구 선창에서는 여전히 민꽃게와 소라(피뿔고둥) 등을 볼 수 있다.

춤추는 게

　민꽃게는 십각목 꽃게과에 속하는 절지동물이다. 우리나라 모든 해역에 분포하며 주로 갯벌이 발달한 연안 돌 밑이나 웅덩이에 산다. 주변 색깔에 따라 어두운 갈색, 녹갈색을 띠며 보라색인 것도 있다. 다리는 좌우에 5쌍이 있으며 맨 뒤쪽 다리는 노처럼 생겨 꽃게처럼 헤엄칠 수 있다. 6~8월에 알을 낳으며 3년 정도 산다. 갯벌에서는 천적이 없는 최상위 포식자다. 낮에는 돌 틈에서 휴식을 취하고 밤에 사냥하러 나선다. 힘센 집게발을 이용해 고둥이나 조개 껍데기를 부수고 살을 빼 먹는다.

　꽃게라는 이름은 등 껍데기 좌우에 뾰족하게 뿔처럼 생긴 것이 달려 있어 '꼬치가 있는 게'라는 뜻에서 유래했다. 반대로 민꽃게는 그 뿔이 없다는 뜻이다. 인천과 경기, 충청에서는 박하지, 부안, 김제, 군산에서는 방칼게, 영광, 무안, 목포에서는 벌떡게나 독게, 마산, 진해에서는 망살게라고도 부른다.

정말 조심해야 한다. 민꽃게가 독하게 마음먹으면 사람 손가락 하나쯤은 자를 수 있다.

막 잡아 온 민꽃게

『자산어보』에서는 민꽃게를 무해(舞蟹), 즉 춤추는 게라 했다. 사람의 공격을 막으려는 몸부림이지만 사람은 춤을 춘다고 생각한 것이다. 속명은 벌덕궤(伐德蛫)로 기록했다. 우리말 이름을 한자로 빌려 쓴 흔적이다. 게를 궤(蛫)라 쓴 것은 다리를 굽히면서 얼굴을 숙이는 행동 때문이다. 또한 게를 가리켜 옆으로 걷는다고 해서 횡행거사(橫行居士), 두발을 치켜들고 오만하게 굴기 때문에 오(螯)라고도 했다.

게를 잡는 방법 중에는 오징어 같은 미끼를 대나무나 다른 나무에 매달아 유인하는 방법이 있다. 이때는 적잖은 인내심이 필요하다. 미끼를 물면 조심스럽게 당겨야 한다. 그래도 십중팔구는 놓친다. 뜰채를 준비했다가 적당한 순간에 낚아채야 한다.

어민들은 통발을 놓아 잡는다. 통발 안에 고등어처럼 비린내가 나는 생선을 넣어서 유인한다. 여수에서는 돼지비계를 통발에 넣어 잡기도 한다. 최근에는 밤에 집게를 가지고 다니며 물이 빠진 갯벌에서 잡는 사람들*도 있다.

*여름밤 바닷가, 특히 충남이나 인천 바닷가에 가면 손전등과 집게를 들고 민꽃게를 찾아다니는 피서객을 쉽게 볼 수 있다. 그 모습을 보면 한때 맛조개를 캐려고 소금 주머니를 가지고 다니던 여행객들이 떠오른다. 이제 그 모래갯벌에는 맛조개가 없다. 수많은 사람이 맛조개를 너무 많이 잡았고, 갯벌을 들쑤시고 다니는 통에 맛조개 삶터가 훼손되었기 때문이다. 물론 연안 환경 오염 탓도 있지만 우리의 잘못된 체험 문화도 한몫 단단히 했음을 부정할 수는 없다.

밥 한 그릇 더 먹어야 해

영등사리에 맞춰 바닷길이 갈라지는 무창포, 진도 신비의 바닷길 등 민꽃게는 서·남해안 갯벌에 많이 산다. 옛날에 민꽃게장은 바닷가 식당에서 덤으로 주는 반찬이었지만 지금은 게장백반으로 당당히 자리 잡았다.

게장에는 꽃게장, 참게장, 민꽃게장(벌떡게장)이 있다. 비싼 것으로 치면 참게장이 제일이다. 민물에 살아 양이 많지 않기 때문이다. 섬진강변 곡성 압록 일대는 참게탕과 참게장이 유명하다. 임진강변 파주에서는 참게장을 수라상에도 올렸다고 한다. 그 다음 비싼 것은 꽃게장이다. 지금처럼 꽃게를 대량으로 잡기 전에는 더욱 귀했다. 값도 비싸고 살도 많아 고급게장에 속한다.

꽃게처럼 화려하지도 않고, 게살도 풍족하지 않지만 대신 값이 착하다. 몇천 원짜리 백반에도 쉽게 올릴 수 있다. 달라고 해도 듬뿍 줄 수 있어 주인도 손님도 미안하지 않다.

전라도에서 많이 먹는 것이 민꽃게장(벌떡게장)이다. 어떤 이는 게장을 담근 뒤 바로 먹을 수 있어 벌떡게장이라고 했다고 하는데, 사실은 적이 공격하면 집게발을 벌리고 벌떡 일어나 위협을 하기에 붙은 이름이다. 전라도에서는 게장백반하면 으레 민꽃게장백반을 말한다. 양이 많아 값이 싸고 조리법도 간단하다. 단점은 꽃게에 비해서 껍데기가 단단하다는 점이다.

큰 것도 있지만 작은 종지만 한 게도 있다. 그래서 민꽃게는 여러 마리를 함께 넣어야 맛이 우러난다. 달콤 짭짤한 게장에 쓱쓱 밥을 비벼 속대기라 부르는 돌김에 싸 먹으면 산해진미 부럽지 않다.

아내와 함께 여수에서 민꽃게장을 먹어 보니 정말 부드럽고 적당히 짰다. 흔히 말하는 민꽃게 단점과 달리 딱딱하지 않은 것이 신기해 식사를 마치고 나오면서 주인에게 그 이유를 물어봤다.

여수 식당에서는 꼭 등장하는 게장백반

"금방 먹을 거면 모르는데 오래 두고 먹을 거라면 장만 따라서 냉동 보관하고 게는 냉장 보관하다 먹을 때 꺼내야 해요." "아니 그건 아는 이야기이고 어떻게 담갔기에 껍데기가 부드럽냐고요?" 정작 궁금한 부분에는 답을 회피하기에 더 이상 묻지 않고 나오려는데 내 뒤통수에 대고 주인은 이런 말을 했다. "먼저 장에 담갔다가 다음날 장을 다시 끓여서 부어요."

칠게장

농게장

꽃게장

가장 흔히 쓰는 민꽃게장 요리법은 다음과 같다. 우선 싱싱한 민꽃게를 깨끗하게 씻어서 물기를 뺀다. 간장에 물엿, 풋고추, 양파, 생강, 청주 등을 넣고 끓인다. 식은 장을 민꽃게가 자박자박 잠길 만큼 붓는다. 다음날 국물만 따라 내어 다시 끓여서 숙성시킨다. 그리고 한 시간 정도 두었다가 장을 따라 내고 같은 과정을 3번 정도 반복한다. 마지막으로 간장과 국간장을 부어 절인 다음 숙성시켜 먹는다. 여기서 주의할 점이 있다. 항아리에 게를 넣고 장을 부을 때 배 쪽이 위로 향하게 해서 차곡차곡 담고 식힌 간장을 부어야 한다.

좋은 민꽃게는 들었을 때 묵직하게 무게감이 있고, 다리 10개가 모두 튼튼하다. 다리가 없거나 덜렁덜렁 힘이 없는 게는 싱싱하지 않다.

낚시 선수 vs. 악마 물고기

아귀 머리에는 꼭 미끼를 끼워 놓은 낚싯줄 같은 긴 가시가 있다. 실제로 아귀는 이 가시를 낚시찌 삼아 먹이를 사냥한다. 이런 특성 때문에 『자산어보』에도 낚시를 잘하는 물고기라는 뜻인 '조사어'로 기록되어 있다. 한편 험상궂은 생김새 탓에 서구권에서는 '악마 물고기'라 불린다. 한자말인 '아귀'도 지옥 직전 세계에 있는 귀신을 뜻하며 이 역시 험한 생김새에서 비롯한 것으로 보인다. 이름은 이리 살벌하게 지어 놓고 정작 아귀 요리는 맛있게 먹으니, 아귀에게 상당히 미안할 노릇이다.

낚시꾼 아귀

아귀는 50~250m 깊은 바다 모래바닥에 납작 엎드려 몸을 숨기고 있다가 지나가는 물고기를 잡는다. 그렇다고 감나무 밑에서 감 떨어질 때까지 무작정 기다리지는 않는다. 아귀의 최대 무기인 '낚싯줄'을 이용한다. 아귀 머리 위에는 등지느러미 가시가 길게 나 있고 그 끝에 뭉툭한 것이 달려 있어 꼭 미끼를 끼워 놓은 낚싯줄 같다. 사냥할 때는 이 등지느러미 가시를 살랑살랑 움직인다. 지나던 물고기가 그걸 먹이로 알고 덥석 물기라도 하면 아귀도 지체 없이 커다란 입으로 물고기를 베어 문다.

『자산어보』에서는 아귀를 조사어(낚시를 잘하는 물고기), 속명 아구어로 소개하며 낚시꾼 아귀의 생태를 상세히 기록했다. "큰 놈은 2척 정

아귀찜. 사실 아귀 살보다는 콩나물과 미더덕 맛이 더 인상적이고
개중에는 밥을 비벼 먹으려고 아귀찜을 먹는 사람도 있다.

도다. 형상은 올챙이와 유사하다. 입이 매우 커서 입을 벌리면 남는 곳이 없다. 색은 홍색이다. 입술 끝에는 낚싯대 두 개가 있는데, 의료용 침만큼 길어서 길이가 0.4~0.5척이다. 낚싯대 머리에는 낚싯줄이 있는데, 말 꼬리만큼 길다. 줄 끝에는 밥알 같은 흰 미끼가 있다. 조사어가 낚싯줄에 달린 미끼를 살랑거릴 때 다른 물고기가 이를 먹잇감이라 여기고 그쪽으로 다가오면 물고기를 낚아채서 먹는다."

진도 팽목항에서 본 일이다. 고기잡이배에 옮겨 실은 플라스틱 상자 안에 아귀가 가득했다. 가만히 보니 아귀 입마다 작은 물고기가 한마리씩 들어 있었다. 물고기를 잡다가 그물에 걸린 것일까? 한두 마리가 아니라 대부분이 그랬기에 그런 상황은 아닌 것 같았다. 더 유심히 보니 그물에 갇힌 후에 같은 신세인 물고기를 잡아먹은 것이었다. 대담한 낚시꾼이라고 해야 할지, 어리석다 해야 할지.

초여름 우이도 그물에는 아귀가 많이 걸린다. 손질한 아귀가 빨랫줄에 빨래처럼 걸려 있다.

아귀는 억울하다

아귀를 처음 본 것은 고등학생 때였다. 막내 고모를 따라 송정리 오일장에 갔다가 어물전에서 희한하게 생긴 물고기를 봤다. 생김새도 그렇지만 몸 색깔이 특히 비호감이라고 생각했다. 그때만 해도 이 물고기가 맛있는 아귀찜의 주인공이라는 사실을 몰랐다.

아귀는 조기강 아귀목 아귀과에 속는 바닷물고기다. 몸은 울퉁불퉁하고 가시가 돋았으며 회갈색이다. 몸에 비해 머리와 입이 크다. 아래턱이 위턱보다 튀어나왔으며 이빨은 2~3줄로 매우 날카롭다. 비늘이 없고 아가미구멍은 아주 작다. 생김새가 이렇다 보니 동서양을 막론하고 아귀에 대한 평가는 매우 박하다.

아귀에게는 미안하지만 생김새는 정말 비호감이다.

유럽과 미국에서는 아귀를 악마 물고기라 부르며 죽음의 사신(邪神)으로 인식한다. 동양도 비슷하다. 동양에서는 사후 세계를 황천, 명부, 유계 등으로 표현하며, 우리는 이를 흔히 저승이라고 한다. 저승에서는 생명체가 지은 업에 따라 육도(六道)를 반복하며, 육도는 천상, 인간, 아수라, 축생, 아귀, 지옥이다. 그러니 아귀는 지옥 직전에 있는 셈이다. 악마 물고기든 지옥 직전에 있는 귀신이든 아귀가 들으면 꽤나 억울할 이름이다.

우리나라에서는 지역별로 부르는 이름이 다르다. 거제, 통영, 고성, 여수, 완도 등에서는 아구, 아꾸라고 하며, 포항, 경주, 영덕, 울진 등 동해에서는 식티이, 부산과 제주에서는 물꿩, 제주에서는 마굴치, 인천에서는 물텀벙이라고 한다.

동해, 서해, 남해 그리고 제주까지 우리나라 모든 해역에 서식하며, 세계적으로는 일본에서부터 호주에 이르는 태평양 서부와 인도, 아프리카 동부를 포함한 인도양에 분포한다. 4~8월에 알을 낳으며 어류와 오징어류를 먹는다. 위가 매우 커서 내장의 반이 위다. 배를 갈라 보면 새우, 꼴뚜기는 말할 것도 없고 병어, 오징어, 도미 등도 나온다. 먹이를 통째로 삼킨 다음 녹여 소화한다.

일제강점기에 한반도 수산 자원을 조사해 기록한 『한국수산지』에는 근해 유용 수산 자원 104종(어류 60종)이 실려 있고, 아귀도 이에 포함된다. 여기에서는 아귀를 안코(あんこう)라고 기록했다. 참고로 그물 종류 중 하나인 안강망은 안코에서 나온 말로, 입구가 아귀 입처럼 큰 데서 비롯했다. 1898년 한 일본인이 전남 칠산바다에서 조기를 잡을 때 쓴 것이 시초라고 알려진다. 우리나라 전통 어망인 중선망과 생

김새가 비슷해 일본 중선이라는 뜻으로 일중선이라고도 했다. 어장에 이르러 닻을 내리고 그물을 바다 속에 설치할 수 있어 편리하다. 조기를 비롯해 갈치, 쥐치, 젓새우처럼 조류를 이용해 회유하는 물고기를 잡는 데 쓰며 지금은 서해안과 남해안 일부 지역에서 이용한다.

마산 아귀찜, 인천 물텀벙, 여수 아귀대창찜

마산 아귀찜 탄생 비화는 이렇다. 한 할머니가 마산 해변에 굴러다니는 마른 아귀가 너무 아까워 고추장과 된장, 콩나물과 파, 미나리 등을 넣고 조리했더니 먹어 본 사람이 좋아했고 이것이 입소문을 타고 알려졌다는 것. 사실 찜으로 먹을 때는 미끄덩한 아귀 살보다는 콩나물과 미더덕 맛이 더 인상적이고 개중에는 밥을 비벼 먹으려고 아귀찜을 먹는 사람도 있다. 창원시에서는 아귀찜을 알리고자 매년 '마산 아구데이 축제'도 개최한다.

아귀찜을 만들 때는 먼저 손질한 아귀를 공기가 잘 통하는 곳에서 말린 뒤 토막을 내서 3~4시간 물에 불린다. 그리고 토장(조선된장)을 푼 물에 아귀를 담가 밑간을 하고, 콩나물 대가리와 꼬리를 따낸 뒤 같이 넣고 찐다. 그 다음 마늘, 고춧가루, 파, 미나리 등 양념을 넣으면 맵고 화끈한 맛이 특징인 아귀찜이 완성된다. 원조 마산 아귀찜을 만들 때는 겨울철 갯가 덕장에서 갯바람에 말린 아귀를 썼다. 한 해 쓸 것을 겨울철 세 달에 다 말려서 냉동 창고에 넣어 둔 다음 필요할 때마다 꺼내 요리했다.

경향신문 1978년 10월 17일자에 「아귀탕이 인기」라는 기사가 실

마산을 대표하는 음식 아귀찜

아귀찜을 먹고 남으면 밥과 김가루를 넣고 볶아 먹는다. 배가 부른 데도 쑥쑥 들어가는 별미다.

남은 아귀찜은 볶음밥 말고 비빔밥으로 먹어도 맛있다.

아귀탕 끓이기 직전 모습. 콩나물을 밑에 깔고 아귀 살과 간 그리고 대창 몇 점을 넣는다.

아귀탕. 여럿이 먹기에는 아귀탕만한 것이 없다. 한 마리만으로도 푸짐하다.

아귀대창찜. 대창은 아귀 위를 가리킨다. 일반 아귀찜에는 대창과 간이 너무 적게 들어간다. 그래서 여수에는 아예 아귀대창찜이 따로 있다. 아귀찜보다 쫄깃하다.

렸다. 당시 인천에서 전국체전이 열리고 있었고 체전에 참가한 손님들이 식당에서 많이 찾은 메뉴가 아귀탕이었다. 다음은 당시 기사 내용이다.

"체전 손님들로 성업 중인 인천 식당들 메뉴 중엔 '아귀' 탕이 만만찮은 한몫. 입이 크고 두꺼비에 꼬리 달린 듯한 모양을 한 이 '아귀'는 종래에는 어부들이 생김새가 흉하다고 "재수 없다"며 잡히면 버렸던 고기인데 일명 '물터미', '아구'라고도 불린다. 이젠 "잡히기만 하면 보내 달라"는 프랑스 요청으로 수프 원료로 수출까지 하고 있는 이 '아귀'는 양념 가치가 있는 꼬리 부분만을 수출하고 남은 몸통 부분은 국내에서 소비."

인천에서는 아귀를 '물텀벙'이라고도 한다. 생김새 때문에 어부들이 아귀를 바다에 내던지면서 나는 소리 '텀벙'에서 온 말이라는데 근거는 찾을 수 없다. 아귀뿐 아니라 곰치, 물메기 등도 같은 소리를 들어야 했다.

아귀탕을 비롯한 인천 아귀 요리는 용현동에서 시작되었다. 아귀를 비롯한 각종 수산물이 넘쳐늘어 수산물을 쉽고 싸게 구할 수 있기 때문이다. 1970년대 무렵, 아귀는 싸고 배불리 먹을 수 있는 바닷물고기여서 특히 노동자들이 즐겨 먹었다. 용현동에서도 아귀 요리를 밖으로 알린 식당이 〈성진 물텀벙〉이다. 이곳이 유명세를 타자 근처에 아귀 식당이 들어서기 시작했고, 이 부근에는 '물텀벙거리'가 만들어졌다. 인천 아귀탕은 꽃게, 바지락, 다시마로 육수를 내는 것이 특징이다.

여수 사람들은 해장국으로 아귀탕을 즐겨 찾는다. 전라도답게 여수에서는 아귀탕에도 애를 갈아 넣는다. 홍어탕, 간재미탕, 짱뚱어탕 모두 맛의 핵심은 '애'다. 그러나 여수에서 꼭 맛봐야 할 아귀 요리는 아귀대창찜이다. 아귀찜에 대창을 잔뜩 넣은 것으로 아귀찜보다 더 쫄깃하며 맛있다. 그래서 가격도 아귀찜에 비해 조금 더 비싸다.

아귀는 살, 껍질, 내장까지 버릴 게 하나 없다. 살은 보드랍고 달콤하며, 껍질은 쫄깃하다. 내장도 쫄깃하면서 담백하다. 그래서 간과 위를 떼어서 따로 팔기도 한다.

해녀들에게 바다는 일터다. 일자리가 계속되려면 일감이 있어야 한다.
해삼과 전복과 성게가 균형을 이루어야 일감이 사철 이어진다.
물론 해녀들이 잡아 온 해산물을 제값으로 사서 먹는 소비자도 있어야 한다.
슬로피시(slow fish)가 추구하는 가치다.

성게

해녀가 사랑하는 해적

성게는 콜레스테롤과 혈압을 낮추고 혈액 순환에 도움을 주며, 빈혈 예방에도 좋다. 미역 국에 넣어도 맛있고 날것 그대로 간장에만 찍어 먹어도 맛있다. 그래서 뭍에서는 사랑을 톡톡히 받는다. 한편 바다 속에서 성게는 생태계를 어지럽히는 골칫덩어리다. 다양한 바다 생물이 살아가는 데 꼭 필요한 해조류를 닥치는 대로 먹어 치우며 바다 사막화를 부추기기 때문이다.

해삼보다 성게

봄이 무르익어 가는 5월, 생일도에 딸린 작은 섬 덕우도 선창에서 물 질을 마치고 온 해녀 10여 명이 검은 밤송이를 붙들고 씨름을 하고 있 었다. 밤송이를 벌리니 안에는 황금색 알이 가득 담겨 있었다. 해녀들 은 수저로 조심스럽게 알을 파내 양판에 담았다. 검은 밤송이는 보라

성게를 잡는 일보다 잡은 성게에서 알을 꺼내는 일이 더 힘들다. 쪼그리고 앉아서 숟가락으로 하나씩 꺼내야 하기에 더디다.

물질해서 건져 온 성게를 오전 내내 작업한 양이 이 정도다. 해삼과 전복은 어촌계와 나누어야 하지만 자투리 시간에 건진 성게는 오롯 이 해녀의 몫이다.

성게였다.

해녀들은 해삼이나 전복을 따려고 물질을 나갔다가 날이 어두운 바람에 허탕을 치고 대신 성게를 주어 온 모양이었다. 마을 어장에 치패를 뿌리는 해삼이나 전복은 어촌계에서 관리하고 해녀들은 채취한 무게에 따라 일당을 받는다. 그러나 성게는 오롯이 해녀들 몫이다.

허탕을 친 날이라도 성게를 따면 복 받는 날이다. 어떨 때는 물질 일당보다 성게 벌이가 더 나을 수도 있기 때문이다. 게다가 해녀들이 성게를 따면 전복이나 해삼이 좋아하는 해초를 성게가 싹쓸이하는 일을 막

바닷물이 뚝뚝 떨어지는 테왁에 소라와 보라성게가 가득하다.

해녀가 운영하는 식당. 싱싱한 성게 알과 자연산 미역으로 끓인 국을 판다.

을 수 있으니 누이 좋고 매부 좋다.

그래서인지 해녀들은 꼼짝하지 않고 점심시간이 지나도록 성게 손질을 이어 갔다.

제주 해녀에게도 성게는 좋은 소득원이다. 구젱기(소라)보다 깊은 바다에 살기에 채취하기는 힘들지만 값이 더 좋다. 2017년 11월 기준으로 성게 시세는 kg당 60,000원이고, 구젱기는 50,000원이었다. 그래서 해녀들은 성게를 작업하기 좋은 얕은 바다로 옮겨 놓기도 한다.

성게 잡는 도구

화태도는 전남 여수시 남면에 있는 작은 섬이다. 최근 돌산도와 다리가 연결되어 섬 둘레길인 '갯가길'을 걷고 낚시를 즐기는 사람들이 많이 찾는다. 화태도 월전마을에는 90살에서 두 살 적은 할머니가 아름드리 동백나무, 참뽕나무와 함께 살고 있다.

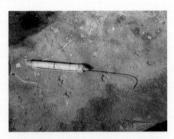

물 빠진 갱번 돌 틈에서 성게를 꺼내는 '갈쿠리'라 부르는 어구(여수 화태도)

뒤안으로 돌아가 동백나무를 구경하다 처마에서 낡은 조새와 용도를 알 수 없는 갈고리를 발견했다. 할머니에게 어디에 사용하는 도구인지 물으니 갱번 바위틈에서 성게를 잡을 때 쓴다고 알려 줬다. 갱번은 바닷물이 들고 나는 조간대를 말하며, 여기서 바지락, 미역, 톳, 성게, 낙지 같은 갯것을 채취한다.

자부랑개는 통영에서 가장 큰 섬 욕지도에 있는 마을이다. 자부랑개에서 물질을 하고 돌아온 해녀를 만났다. 해녀는 몸무게보다 더 무거운 테왁을 우물에 내려놓았다. 테왁에는 성게만 아니라 군소, 돌미역, 소라 같은 갯것으로 가득했고, 호미가 꽂

해녀가 물질할 때 가지고 들어가는 '까꾸리'로 바위 틈에서 성게(쿠살)나 문어(뭉게)를 꺼낼 때 쓴다.

혀 있었다. 전복을 따는 빗창과 함께 해녀가 몸에 지니고 다니는 분신이다. 바위틈에 숨어 있는 성게를 꺼낼 때 쓴다. 성게는 가시가 있고 바위틈에 박혀 있으니 손으로 꺼낼 수 없기 때문이다.

노란 달이 없어야 노란 알이 여문다

『자산어보』에서는 보라성게를 '율구합'이라 기록하며 "고슴도치처럼 생긴 털이 있다. 밤송이 안에 다섯 개로 나뉜 방이 있다. 그 안에 노란색 알이 있다. 날로 먹기도 하고, 국을 끓여 먹기도 한다"고 했다. 먹음직스런 노란 알은 사실 성게의 생식 세포를 형성하는 난소와 정소다. 그런데 흔히 성게 알이라고 한다. 어란처럼 작고 동글동글한 알갱이가 뭉쳐 있으니 그리 부르는 것이리라.

제주도에서는 성게를 '쿠살(구살)'이라 하고 흑산도에서는 '구살', 통영에서는 '앙장구'라고 부른다. 한자로는 운단(雲丹)이라 하며, 일본에서는 우니(うに), 영어로는 가시라는 뜻인 에킨(echino)이라고 한다.

성게는 성게강에 속하는 극피동물이다. 극피동물에는 성게류를 비롯해 불가사리류, 해삼류 등 약 6,000종이 있다. 이 가운데 성게류는 940여 종이 있으며, 우리나라 바다에는 약 30종이 산다. 성게 피부는 소골편이라 부르는 석회질 판으로 이루어져 있다. 피부 바깥

말똥성게

보라성게

부분이 가시로 변해 적에게서 몸을 보호할 수 있고 이동할 때는 다리 역할도 한다.

보라성게는 가시까지 포함하면 다 여문 밤송이만 하다. 가시가 긴 것은 3㎝, 짧은 것은 1㎝ 정도다. 말똥성게는 크기가 대략 4㎝이고 가시는 5~6㎜이다. 말똥을 닮았다고 해서 붙여진 이름이지만 사실 모양은 말똥과 좀 다르다. 보라성게 이종으로 알려진 둥근성게는 동해안에서 발견된다. 몸은 적갈색 또는 흑갈색으로 크며 가시도 7㎝에 이른다.

해녀들이 물질해서 채취하는 성게는 주로 보라성게와 말똥성게이며 둥근성게, 분홍성게도 식용으로 채취한다. 5~6월에는 동해안과 남해안에서 보라성게를 채취하고, 가을에는 남해안을 중심으로 말똥성게가 제철이다. 한승원의 소설 『해일』에는 "굴은 가을비가 잦아

해녀들은 물질을 마쳤지만 배 안에서 성게 알을 꺼내느라 더 바쁘다. 봄이 무르익고 여름으로 접어들면 보라성게에 알이 가득하다.

야만 알이 굵게 여물고, 성게는 달이 없어야만 알이 여물게 찬다"는 구절이 나온다. 제주에는 "여름철 성게국 인심이 좋아진다"는 말이 있다.

바다숲을 위협하는 해적

성게는 낮에는 주로 바위틈에 숨어 지내고 밤에 해초를 먹으며, 심지어 바위에 붙은 석회질 해조류까지 먹어 치운다. 성게 개체 수가 많아지면 해조류는 그만큼 줄어든다. 2017년 국정감사 자료에 따르면, 2016년 제주 해역 15,580ha 가운데 바다 사막화로 불리는 갯녹음 발생 면적은 5,503.4ha로 전체 35.5%를 차지했다. 이 중 45%는 갯녹음이 심각한 것으로 보고되었다. 지구 온난화와 해양 오염이 주요

제주 해녀들이 운영하는 식당에서는 날것 그대로인 성게 알을 맛볼 수 있다.

원인이지만, 전문가들은 해조류를 즐겨 먹는 성게도 갯녹음 현상에 영향을 미치므로 개체 수 관리가 필요하다고 입을 모은다.

그렇다면 천적을 이용해 성게 개체 수를 조절할 수는 없을까? 성게의 가장 큰 천적은 돌돔 같은 돔류다. 깊은 바다 암초 지대에 사는 돔류는 같은 곳에 사는 말똥성게를 특히 좋아한다. 돔류는 온몸이 가시로 덮인 성게를 어떻게 먹을까? 우선 주둥이로 성게를 톡톡 밀며 뒤집어서 바닥에 있는 성게 입을 위로 올라오게 한다. 입 주변에는 날카로운 가시가 없기 때문이다. 그리고는 강한 이빨로 깨 먹는다. 참고로 성게가 무리 지어 움직이는 것은 바로 이런 돔류의 공격에 대응하기 위해서다. 그런데 성게의 가장 큰 천적인 돌돔이 낚시꾼의 표적이 되면서 생태계 균형은 더욱 깨지고 있다. 최근 한 낚시 체험 프로그램에서는 성게를 미끼로 돌돔을 낚는 것을 보여 주기까지 했다.

날것 그대로 즐기는 맛

성게는 단백질과 인산, 사포닌이 풍부해 콜레스테롤과 혈압을 낮추며 혈액 순환에 도움이 된다. 철분, 비타민, 엽산이 많아 빈혈 예방에도 좋다.

성게 알은 다양한 방법으로 즐길 수 있다. 미역국에 넣어 먹어도 좋고, 쌀밥에 올려 비벼 먹으면 쌉쌀하고 고소한 맛과 부드러운 감칠맛을 함께 맛볼 수 있다. 성게젓도 맛있다. 제주에서는 성게젓을 담글 때 멍게를 약간 넣기도 한다. 한 회사에서 만든 성게젓을 보니 성게

90%, 멍게 7%에 천일염을 넣어 숙성시켰다.

일본인의 성게 알 사랑은 대단하다. 우리나라에서도 품질 좋은 성게 알은 일본으로 수출하곤 한다. 일본 술집에서는 성게알초밥, 성게알김말이, 성게알튀김 같은 요리를 맛볼 수 있다. 해독 작용이 강해 술안주로 안성맞춤이라는 말도 있다.

그러나 성게 알을 가장 맛있게 먹는 방법은 의외로 간단하다. 풀어지지 않고 윤기가 도는 좋은 성게 알을 간장에 그대로 찍어 먹는 것이다. 성게 알은 구입하면 즉시 냉장 보관해야 하며 빨리 먹는 것이 좋다.

성게미역국

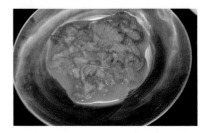
성게젓

성게알회

성게알초밥

복어

목숨 내놓고 먹는 맛

복어의 독성은 청산가리의 1,000배에 이른다고 한다. 그래서 복어는 자격을 갖춘 사람만 조리할 수 있다. 그런데도 사람들은 복어를 칭송하며 끊임없이 찾는다. 허한 몸을 보해 주고, 노화를 방지하며, 저칼로리에 고단백인 데다 맛까지 좋으니 어쩔 수가 없다. 한 목숨 걸고 깊이 우러난 복탕 국물을 들이킬 수밖에.

꽃 피면 복쟁이 독 오른다

중국 북송 시대 시인 소동파는 "쑥이 땅에 가득하고 갈대 싹이 짧으니 복어가 오를 때로구나"라고 했고, 조선 전기 문인 김종직도 "한식이 가까웠음을 생각하니 복어가 오를 때로구나"라고 했다. 송수권 시인은 "살구꽃 몇 그루가 피어 온 마을이 다 환"한 때 마을 사람들이 "복쟁이 떼 건져다 날회 먹고 떼초상 난 적"이 있다고 했다.

복어는 겨울이 제철이다. 독성이 청산가리의 1,000배에 이른다는 테트로도톡신이 가장 적으며 살이 희고 맛이 좋아지는 시기이기 때문이다. 꽃이 피면 복어에 독이 차기 시작해 산란기인 오뉴월이면 독이 가장 강해진다. 종족 보전을 위한 자연 섭리다. 그러므로 이때 복은 피해야 한다. 사람을 위해서가 아니라 복어 종 보전을 위해서다. 옛날에는 봄과 여름에 곧잘 신문에서 복어를 먹고 집단 중독을 일으

복탕에 빼놓지 않고 넣어야 할 것은 미나리가 아니라 '애'다.
애는 복어 수컷에 있는 정자 주머니다.
우리나라에서는 주로 애를 탕에 넣거나 구이로 먹지만 일본에서는
시라코자케(白子酒)라 해서 따뜻하게 술에 타서 먹기도 한다.

키거나 사망했다는 기사를
접했다.

 보통 복어는 간을 비롯한
내장과 눈알, 피부 등에 독이
있다. 요리할 때는 이 독을 완
전히 제거해야 한다. 그래서
자격을 갖춘 사람만 조리를
하도록 자격증을 부여한다.

까치복. 등은 흑청색, 배는 흰색이며 등에 흰색 줄무늬가 있다.

밀복이나 졸복은 다른 복어에 비해 독이 적다. 정확하게 말하면 혈액
에 독이 없어 난소, 정소, 간 등을 제거하면 문제가 없다. 그러나 산란
기에는 참복, 까치복 등 다른 복어와 마찬가지로 독성이 강해진다.

그물에 걸려 올라온 복어는 원통하다. 이를 빠득빠득 갈고 배를 잔뜩 부풀린다.
겁을 주려는 것이다. 독이 잔뜩 올랐다.

더 이상 강을 거슬러 오르지 못하는 복어

강을 거슬러 오르는 복어가 있다. 1996년 멸종위기종으로 지정된 황복이다. 다른 복어처럼 배가 불룩하고 입술이 도톰하다. 등은 회갈색이고 배는 은백색이며 성어가 되면 배 옆구리에 황금빛이 돈다. 그래서 황복이라 한다. 강 하구에 살다가 3~5월에 바닷물이 들어오지 않는 곳까지 거슬러 오르고 자갈이 있는 여울에 알을 낳는다. 강에서는 새우나 게를 먹고 생활하며, 알을 낳고 나면 어미도, 부화한 새끼도 바다로 내려간다.

옛날에는 금강과 영산강에도 황복이 올라왔다. 영산강에는 '복바위'가 있다. 알을 낳으려고 강을 거슬러 오른 황복이 머리를 바위에 부딪친 바위라는 뜻이다. 그리고 이 바위에 부딪쳐 머리에 검은 점

강경 옥녀봉에서 바라본 금강.
금강은 모래가 많아 황복이 알을 낳기 좋은 곳이었다.

이 생긴 황복일수록 더 맛있다는 이야기가 전해진다. 금강에 오른 복어는 '금강복'이라 했다. 금강에는 황복과 실뱀장어 같은 회귀성 어류가 많았다. 그래서 금강에 있는 황산나루는 특히 황복 식당으로 유명했다.

그러나 인간의 지나친 식탐과 물길을 막는 하구언 공사, 오염으로 황복은 금강과 영산강에서 사라졌다. 지금 황복은 바다와 강을 잇는 물길이 열린 임진강과 한강에서 드물게 확인될 뿐이다. 그나마 황복 자원을 복원하고자 완전 양식 기술을 개발하고 있으며, 임진강에서 황복 치어를 방류하고 있다는 점은 다행스럽다.

몇 년 전 늦가을, 진도 접도에서 멸치잡이 배를 탔다. 낭장망에는 멸치가 가득했다. 그물을 털던 어부가 생선 한 마리를 뱃전에 던졌다. 복어였다. 멸치를 탐하다 그물에 갇힌 것이다. 뱃전에 내동댕이쳐진 복어는 경계 표시로 배를 잔뜩 부풀렸다. 그러나 어쩌랴. 이미 물 밖 신세인 것을.

보통 복어는 겨울에 제주에서 갈치잡이를 마친 배들이 동해로 올라와 잡는다. 연승 어업 허가를 받았기 때문에 갈치나 복어 조업이 모두 가능하다. 한 줄에 낚시 130~150개를 달고, 여러 개 몸줄을 연결해 잡는다. 주낙줄 길이가 약 40㎞에 이른다. 복어 낚시에는 강철을 사용한다. 복

화가 난 복어는 흰 배가 두드러진다. 바다 속에서 흰색으로 부풀어 오른 배는 천적들에게 제법 위협적일 듯하다.

어 이빨이 날카롭기 때문이다. 행여 손이라도 물리면 잘릴 우려가 있다. 동해에서 잡는 복어는 밀복이며, 미끼는 밀복이 특히 좋아하는 꽁치다.

트롤 어선으로 복어를 잡기도 한다. 트롤 어선은 흔히 쌍끌이나 외끌이 어업으로, 전개판이 딸린 자루 모양 그물을 끌어서 오징어, 청어, 갈치, 고등어, 도미, 쥐치, 가오리, 새우를 잡는다. 급랭 시설이 되어 있어 보름 정도 작업한다. 복어도 잡는 즉시 냉동 보관한다.

더 이상 설명이 필요 없는 맛

『동의보감』에는 복어가 "허한 몸을 보하고 습한 기운을 없애며 허리와 다리의 병을 낫게 하고 치질을 치료한다"고 나온다. 저칼로리 고단백이니 다이어트에 좋고, 몸을 보하니 환자에게 좋다. 노화를 방지하고 당뇨에 좋으며 갱년기 혈전도 방지한다. 여기에 맛도 좋으니 더 이상 무슨 설명이 필요할까?

어느 가게에 들러 복탕을 주문하고 보니 국물이 우윳빛이었다. 복

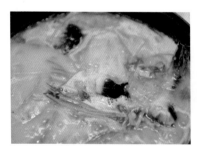

진한 국물이 특징인 나주 영산포 복탕

요리에 쓰는 복어 중에 졸복은 생물이고, 참복, 까치복, 밀복은 냉동이다. 생물은 현지에서 공급되는 경우가 많다.

인상 깊은 졸복탕 집이 있는 진도군 임회면 굴포. 삼별초가 남도석성을 거점으로 여몽연합군에 최후 항쟁을 하다 이곳을
통해 제주 등지로 나갔다.

졸복은 봄철 멸치 그물에 가끔 올라오기도 한다. 깊은 바다에 살다 봄이면 연안이나 내만으로 이동하기 때문이다.

탕은 늘 맑다고 생각했기에 의아해서 반찬을 가지고 들어온 아주머니에게 까닭을 물었다. 복어 애와 쌀뜨물과 된장으로 국물을 냈다고 말하고는 더 이상은 비밀이란다. 식사를 끝내고 나오려는데 주인이 살짝 비법을 알려 줬다. 이 복집에서는 자주복과 밀복을 쓰며 독성을 완전히 제거하지 않고 인체에 무해한 양은 남겨 둔다고 했다. 복탕에 이용하는 복으로는 자주복, 밀복을 비롯해 검복, 까치복, 졸복, 은복, 황복 등이 있다. 특히 자주복이 비싸고 맛이 좋다. 그래서 참복이라 부르기도 한다.

가장 독특한 졸복탕을 맛본 곳은 사천의 한 가게다. 사량도로 가는 첫 배를 타야 했지만 산에 오르고 길을 걸어야 하니 아침을 대충 해결

사천 졸복탕은 특별하다. 미나리와 콩나물 등 채소를 건져 먹다가 남은 채소를 준비된 비빔 그릇에 넣고 밥과 함께 비빈다. 그리고 국물을 떠서 비빔밥과 함께 먹는다.

할 수는 없었다. 그래서 예약을 하고 새벽같이 식당으로 갔다. 그 이른 시간에도 식당은 사람들로 붐볐다. 이곳 복탕에는 콩나물과 미나리가 아주 많이 들어간다. 국물을 마시기 전에 채소를 먼저 먹는 것은 다른 곳과 비슷하지만 핵심은 콩나물이다. 알맞게 간이 밴 콩나물을 건져 밥에 올려 식탁에 있는 야채, 김 가루, 고추장과 비벼 먹고, 복탕은 국물로 삼아 먹는 방식이다.

진도군 임회면 백동리 굴포에 있는 허름한 식당에서 먹은 졸복탕도 인상 깊었다. 이곳은 슈퍼와 식당을 겸하는 곳이다. 시골에서는 마땅한 식당이 없으면 슈퍼라도 가야 한다. 운이 좋으면 간단한 상차림을 받을 수 있다. 이 식당의 메뉴는 졸복탕 하나뿐인데, 복탕이 거의 어죽에 가깝다. 직접 바다에서 잡은 졸복을 부엌 큰 솥에 엄청나게 넣고 푹 곤다. 주문을 받아 몇 마리 넣고 조리하는 것이 아니다. 어죽처럼 진한 국물이 나오는 이유다. 고명으로 부추가 올라간다. 뚝배기에 담겨 나온 복탕에 참기름과 식초를 치고 기호에 따라 양념을 넣어 먹는다.

진도 굴포 졸복탕은 어죽처럼 걸쭉하다.

진도와 달리 통영 졸복탕은 맑고 담백하다. 콩나물을 밑에 깔고 고명으로 미나리를 얹는다. 이곳에서 졸복탕을 먹으려면 유명세를 치러야 한다. 줄을 서서 기다리는 것쯤은 각오해야 한다. 그리고 얼른 먹고 일어나야 한다. 그게 예의다. 서호시장 복집에서는 졸복을 손질할 때 꼭 챙겨 놓는 것이 있다. 애다. 홍어탕에만 애가 들어가는 것이 아니다. 복탕에도 애가 들어가야 맛이 제대로 난다. 복어 애를 구워 따뜻하게 데운 청주에 풀어 마시기도 한다. 이를 시라코자케(白子酒)라고 하며 술맛이 부드럽고 구수하다.

복을 이야기할 때 빼놓을 수 없는 곳이 또 있다. 부산이다. 밀복과 콩나물로 맑게 끓인 복탕 하나로 부산을 대표하는 음식을 만들어 냈다.

집에서 복탕을 끓일 때는 육수를 만들어야 한다. 멸치나 다시마 등을 쓴다. 시원한 맛을 낼 무를 썰고 콩나물과 미나리를 준비한다. 생

맑은 복탕(부산)

복어 애

선탕을 끓일 때 비린내를 없애려면 물이 팔팔 끓은 후에 생선을 넣는다. 복어와 무를 넣고 간을 하고 다진 마늘을 넣는다. 다시 끓기 시작하면 콩나물을 넣고 먹기 전에 미나리를 올린다. 마무리로 식초를 넣으면 좋다.

졸복탕(통영)

참복탕(강경)

복껍질무침

복튀김

말린 졸복

군부는 먼바다 갯바위에서 자라는 것이 크고 튼실하다.
미역으로 유명한 진도군 조도면 맹골죽도 거친 바다 갯바위에서도 군부를 채취한다.

군부
섬 밥상의 특별한 손님

뭍사람에게는 아예 낯설고, 바다사람이라 하더라도 맛보기가 쉽지 않다. 먼바다 갯바위에서 자라기에 뭍은 물론 연안에서도 보기 어렵기 때문이다. 그래도 씹는 맛이 전복보다 부드러워서인지 먼바다에서 나고 자란 이에게는 그리운 집밥으로, 여행객에게는 이색적인 바다맛으로 인기가 많다. 그 탓에 섬을 찾은 여행객이 섬사람의 텃밭인 갯바위에 들어가 함부로 채취해 가는 문제까지 생기곤 한다.

느릿느릿한 바다 할뱅이

맹골도 선착장에서 할머니 한 분이 대나무로 만든 조락(작은 바구니)을 앞에 두고 무언가를 하고 있었다. 가만히 다가가 보니 김이 모락모락 나는 군부를 살살 문지르며 껍데기를 벗겨 내고 있었다. 할머니에게 캔 커피를 건네자 하나하나 껍데기를 까서 조락에 담아 놓은 하얀 군부를 한 주먹 집어 내게 줬다. 그냥 먹어도 맛이 있다며. 씹으니 '오도독' 소리가 났지만 전복보다 부드러웠다.

군부는 군부과에 속하는 연체동물이다. 우리나라 모든 해안 조간대 중·하부에서부터 조하대 연안에 있는 암반과 큰 돌 혹은 바위틈에 붙어산다. 몸은 타원형이며 몸길이 50㎜, 너비 30㎜, 높이 10㎜ 내외이다. 등에 손톱 모양인 판 8장이 포개져 있어 어떤 공격도 막아 낼 수 있으며 각 판은 활처럼 휘었다. 등은 암갈색이거나 주변 환경과 같은 보호색을 띠며 바위와 붙은 곳은 적갈색이다. 물이 든 밤에 천천히 이동하며 미세조류를 먹고 물이 빠지면 원래 자리로 돌아간다.

『자산어보』에서는 귀배충, 속명은 굼법이라 하며 이렇게 설명했다. "형상은 거북의 등과 유사하고 색도 비슷하다. 다만 등딱지가 비늘로 되어 있다. 크기는 거머리만 하고, 발이 없어 전복처럼 배로 다닌다. 돌 사이에서 나는 놈은 쇠똥구리처럼 작다. 삶아서 비늘을 제거하고 먹는다."

맹골도 미역바위에서 채취한 군부.
갯바위에서 군부를 떼어 내 밥상에 올리기까지 정말 손이 많이 간다.

'군부'는 『자산어보』 설명에서도 알 수 있듯이 거북등처럼 생겼다는 뜻이다. 군벗, 군복, 군북, 굼북, 굼보, 구배충, 딱지조개라고도 한다. 굼보는 굼뜨게 움직이는 모습에서, 딱지조개는 등 껍데기에서 비롯했다. 울릉도에서는 군부를 바위에서 떼어 내면 마치 허리를 굽히듯이 몸을 만다고 해서 할뱅이라고도 한다.

먼바다의 맛

군부는 여수 금오도, 진도 맹골도, 신안 영산도처럼 먼바다에 있는 작은 섬과 제주 밥상을 지킨 식재료다. 그래서 뭍은 물론 연안에서도 보기 어려운 귀한 존재다. 손쉽게 얻을 수도 없지만 식탁에 올리기까지 손도 많이 간다. 배말, 고둥, 거북손 등도 마찬가지지만 이 중에서 손질이 번거롭기로는 군부가 으뜸이다.

바위에 붙은 미세조류를 먹고 살기에 부착력이 강해 떼어 내는 일부터가 쉽지 않다. 도구 없이 맨손으로 떼어 내기 어려워서 어민은 특

군부는 바위에 단단히 붙어 있기에 칼처럼 날카로운 도구를 써서 떼어 내야 한다. 번거롭고 힘들어 주민들 밥상에 올릴 정도만 채취했다.

수 제작한 도구를 이용한다. 바위에서 떼어 내고 나면 갑옷처럼 생긴 등 껍데기를 벗기고 가장자리 잔털을 제거한다. 껍데기를 벗길 때는 바위나 시멘트 바닥에 대고 문지르기도 하고 살짝 데친 다음 확독이나 도구통(절구)에 넣고 가볍게 짓이기기도 한다. 정약전이 유배 생활했던 흑산면 사리마을에서도 군부를 삶아서 도구통에 넣고 살살 문질러 껍데기를 벗긴다.

섬 주민은 내장을 그대로 두고 요리한다. 가장 일반적으로는 살짝 데친 군부를 오이 같은 채소와 함께 양념장에 무쳐 내놓는다. 제주에서는 물회로도 먹고 젓갈로도 담가 먹었다. 제주 군부젓은 '딱지를 뗀 군부를 소금물에 씻어 소금을 뿌려 숙성시킨 것을 고춧가루, 깨소금, 실파, 다진 마늘과 함께 무친 것'을 말한다. 제주어보전회 김정택 작가가 쓴 글에도 군부젓이 나온다.

> 출레는 밥 먹을 때 쯥지롱ᄒ게 줍아먹는 겁주. 반치지나 마농지가 대푭주마는, 염장으로 간이 맞아사 흔댄 ᄒ연 근갈치, 근고등에, 근궤기나 젓갈을 담읍주. 젓갈에는 멜젓, 고도리젓, 자리젓, 군벗젓, 개웃젓, 구젱기젓, 구살젓, 솜젓, 오징어젓, 갈치속젓, 깅이젓이 잇수다마는 하영 먹는 건 아니우다.

> : 반찬은 밥 먹을 때 짭조름하게 집어먹는 것입니다. 파초장아찌나 마늘장아찌가 대표이지마는 염장으로 간이 맞아야 한다고 해서 간갈치, 간고등어, 간고기나 젓갈을 담가요. 젓갈에는 멸치젓, 고도리젓, 자리젓(자리돔), 군부젓(딱지조개), 개웃젓(전복내장), 소라젓(구

군부를 식재료로 이용하려면 뜨거운 물에 데친 후 살살 문지르며 껍데기를 벗겨야 한다.

암갈색 옷을 입고 바위틈에 붙은 것만 봤을 때는 군부 속살이 이렇게 뽀얀 줄 몰랐다.

젱기젓), 성게젓(구살젓), 말똥성게젓(솜젓), 오징어젓, 갈치속젓, 게
장(깅이젓)이 있습니다마는 많이 먹는 건 아닙니다.

군부를 이용한 다른 제주 음식 중에는 '군벗채'가 있다. 제주음식문
화축제에서 김지순(제주음식 연구가)이 전시한 곳에서 처음 봤다. 군부
를 넣은 된장국쯤 될까?

맹골도에서는 엄마표 밥상에 꼭 군부무침이 오른다. 펄갯벌이 발달
한 곳에서 자란 이들에게 대갱이, 감태가 고향의 맛이라면 먼바다 섬
에서 나고 자란 이에게는 군부가 고향의 맛이리라.

신안 영산도에서는 어민 밥상뿐만 아니라 마을 공동부엌에서도 군
부를 볼 수 있다. 영산도는 30여 가구가 사는 작은 섬마을로, 국립공
원에서 추진하는 명품마을로 선정된 뒤부터 마을에서 공동부엌과 공
동펜션을 운영한다. 주말이면 미리 예약하지 않고는 숙박이 어려울
만큼 인기다.

군부와 무 같은 다른 재료를 함께 넣어 무치기도 하고(왼쪽), 군부를 살짝 삶아 담백하게 무치기도 한다(오른쪽).

마을 공동부엌인 '부뚜막'에서 내놓는 특별식 가운데 하나가 바로 군부다. 이전에 군부를 먹어 보기는커녕 본 적도 없는 여행객이 많아 인기 만점이다. 특별식에는 허드레 칼로 떼어 온 군부는 물론 거북손, 삿갓조개, 홍합과 미역도 오른다.

여행객이 군부를 비롯해 갯바위에서 나는 바다생물에 부쩍 관심을 갖는 것은 좋은 일이지만 간혹 지나친 관심이 문제로 이어지기도 한다. 요즘 어촌 생활과 바다맛을 결합한 예능 프로그램들이 인기를 얻으면서 몇몇 낚시꾼이나 여행객이 함부로 군부나 거북손, 톳 같은 바다생물을 채취하는 일이 늘고 있다. 아예 섬에 들어올 때 채취용 도구를 가져오는 여행객까지 있다.

갯바위는 어민에게는 텃밭이나 다름없다. 제주에서는 더욱 그렇다. 그러니 바다맛에 대한 관심은 섬마을 특별식으로 만족하고, 갯바위는 섬마을 사람들을 위해 지켜 줘야 하지 않을까.

군벗채

톳밥에 모자반된장국. 이만한 보양식이 있으랴.
농촌 사람들에게 쑥이 있다면 섬사람들에게는 모자반과 톳이 있었다.
보릿고개에 주린 배를 달래 주고, 부족한 영양분을 채워 준 해조류가 있어
섬사람들은 엄혹한 시절을 넘길 수 있었다.

깨끗한 바다와
오랜 문화의 또 다른 이름

모자반은 바닷물고기에게 없어서는 안 될 귀한 생물이다. 도루묵이나 물메기, 학공치, 뱀장어에 이르기까지 많은 바닷물고기가 모자반에서 알을 낳기 때문이다. 그리고 이는 단순히 모자반이 바닷물고기 산란 장소라는 사실을 넘어 건강한 바다의 지표라는 뜻이기도 하다. 우리나라, 특히 제주에서도 모자반은 특별하다. 모자반으로 만드는 제주 전통 음식인 몸국이 우리가 지켜야 할, 사라질 위기에 처한 '맛의 방주'에 올랐기 때문이다. 그러므로 모자반은 깨끗한 바다는 물론 우리 전통을 대변하는 지표종이라 할 만하다.

바닷물고기의 고향

모자반은 모자반과에 속하는 갈조류다. 여기에 딸린 대형 갈조류는 지충이, 괭생이모자반, 알쏭이모자반, 꽈배기모자반, 큰잎모자반, 짝잎보자반, 쌍발이모자반 등이 있다. 우리나라에서 자라는 모자반류가 약 24종이다 보니 흔히 먹는 모자반은 참모자반이라고 부른다. 북태평양 서안과 인도양에 분포하며 조간대 하부에서 자란다. 뿌리에서 나오는 줄기는 한 가닥이지만 자라면서 윗부분이 여러 갈래로 나뉘어 뿌리, 줄기, 잎이 뚜렷하게 구분된다. 줄기는 세모진 기둥 모양이다.

물메기 고향인 추도 한목마을. 물메기는 이곳 바다에서 모자반이나 미역, 다시마 등에 알을 붙여 낳는다. 바다생물에게
바다숲은 서식처이자 산란장이다.

『자산어보』에서는 '해조'라 하고 속명을 '말'이라고 하며 다음처럼
소개했다. "길이는 20~30척이다. 줄기에서 가지가 생기고 가지에서
곁가지가 생기며 곁가지에서 또 무수한 잔가지가 생긴다. 곁가지 끝
에서 잎이 생기는데 천 가닥 만 가닥으로 하늘하늘 가냘프다. 그 뿌리
를 뽑아 거꾸로 매달면 가지가 수많은 버드나무와 흡사하다."

모자반은 바닷물고기 산란 장소로서 매우 큰 역할을 한다. 동해 도
루묵, 남해 물메기나 학공치가 알을 낳는 곳도 모자반이다. 천지가 꽁
꽁 얼어붙은 1월 강원도, 어둠이 내리면 도루묵 암컷이 모자반 같은
해조류를 헤치고 다니다 알을 낳아 줄기에 붙인다. 그러면 기다리던
수컷들이 앞다투어 알에 정액을 방사한다. 수컷은 수정 확률을 높이

고자 집단으로 정액을 뿌린다.

우리 바다만 아니라 다른 바다에서도 모자반은 중요한 역할을 한다. 북위 20~40도, 서경 30~80도 해역은 모자반류가 풍부해 '사르가소(sargasso) 해'라 부른다. 사르가소는 모자반속(屬)이라는 뜻이다. 이곳에서 뱀장어가 알을 낳는 것으로 알려진다. 참고로 1492년 콜럼버스가 항해하다 해조류가 배에 달라붙어서 마음대로 나가지 못한 곳이기도 하다.

최근에는 어족 자원이 감소하자 인공 어초와 함께 모자반, 미역, 다시마 등 해조류를 심어 바다숲을 조성해 인공 산란장을 만들기도 한다. 알에서 깨어난 어린 물고기는 모자반 같은 안전한 해조류 주변에서 자란다. 어린 모자반 잎을 먹기도 한다.

섬마을 논밭을 기름지게 하다

겨울, 통영시 추도 미조마을에서 건조장에 걸린 물메기를 구경하다 마늘밭을 덮은 모자반을 발견했다. 왜 모자반을 밭에 뿌린 것일까? 혹시 거름으로 사용하는 건가? 『자산어보』에는 "10월에 묵은 뿌리에서 났다가 6~7월에 시드는데, 그것을 채취하고 말려 보리밭에 거름을 준다"고 기록되어 있다.

화학비료가 개발되기 전에는 논밭을 기름지게 하려고 풀을 베어 소나 돼지 배설물과 섞어 퇴비를 만들었다. 짐승이 없는 집도 많아 풀만 썩히기도 했다. 제주 같은 화산섬이나 청산도에서는 땅을 기름지게 하려고 할 뿐만 아니라 물도 잡고자 거친 풀을 논밭에 집어넣었다. 그러나 많은 섬에서는 풀도 말려서 연료로 써야 했기 때문에 모자반 같은 해조류를 퇴비 대용으로 썼다.

언젠가 고금도 상정마을에서 해안가로 밀려온 모자반을 주어다 외양간 소똥과 섞어 퇴비로 만드는 것을 봤다. 제주에서는 여름이 오기 전 해초가 가장 클 때 마을에서 공동으로 '줄아시'라는 도구를 써서 해초를 베고 '공젱이'라는 갈퀴로 건져서 똑같이 나누어 파종이 끝난 보

섬마을에서는 바닷가로 밀려온 모자반을 주워서 퇴비로 쓴다.

리밭 위에 깔아서 거름으로 썼다.

　마라도에서는 해초가 잘 밀려드는 곳을 '뭄통'이라 불렀다. 뭄 올리는통, 섬비물통, 작지끝통, 살레덕통이 그런 곳이다. 모자반이 많이 밀려오는 뭄통을 경매해서 마을 공금으로 쓰기도 했다. 여수에서도 풍낙초라 해서 해변으로 몰려온 모자반 등을 경매하기도 했다.

거제도에 딸린 작은 섬 칠천도로 가는 길에 모자반을 뜯는 노부부를 만났다. 모자반을 뜯던 77세 어머니가 모자반이 가득 찬 바구니를 갯바위에 올려 두고 뛰어 다니며 모자반을 뜯는 젊은 처자를 아련히 바라봤다. 그 옆에서는 82세 아버지가 어머니를 도우며 모자반을 뜯고 있었다. 어머니는 "작년에는 그래도 개발을 하는데 이렇게 숨차고 힘들지는 않았다"고 말했다. 개발이란 갯벌에서 조개를 파고 해초를 뜯는 것을 말한다. 거제나 통영에서 쓰는 말이다. 갯바위에 앉아서 중얼거리는 어머니의 넋두리가 한 편의 시였다.

작년하고 이렇게 다르다
몰(모자반)로 많이 하고 조개도 많이 파고
개발도 많이 했다 아이가
작년에
막내딸이 병원생활하는데
가가 반찬을 몬해서
엄마 쪼까 해 주소 그런기라
아이고 느그 미길라고 내 누울 짓을 하것다
몬하다니까 할배가 나온기라
아무리 그래도 작년하고 이렇게 다르다

우리가 지켜야 할 자연·문화 자산의 상징

모자반이나 파래는 채 썬 무와 함께 무치면 금방 산뜻한 반찬이 된다. 무도, 모자반도 모두 겨울철에 잘 어울린다. 여기에 멸치나 까나리 액젓으로 간을 하면 좋지만 더 좋은 것은 홍합자젓이다. 홍합 국물을 졸이고 졸여서 만든 액젓이다.

대구를 비롯한 경상도에서는 모자반을 마재기라 부른다. 국에도 넣고, 갱죽이라고 해서 죽으로 쑤어 배고픔을 해결하기도 했다. 해초비빔밥이나 사찰 음식에 넣기도 한다. 옛날에는 설 전에 물마재기, 설 지난 후에는 마른 마재기를 먹었다고 한다. 경주에서는 마재기를 듬뿍 넣고 해장국을 끓인다. 술꾼을 위한 해장국으로 그만이다.

제주에서는 모자반을 몸, 몰망, 참몸이라고 부른다. 모자반은 제주 전통 음식이자 행사 음식 중 하나인 몸국 주재료다. 그러나 1년 중 1~2월에만 채취할 수 있어 집안에 큰 행사 계획이 있으면 어촌계나 해녀에게 미리 쓸 양을 주문해 확보해 두었다.

몸국은 돼지 육수에 모자반을 넣고 끓여 먹는 음식으로 특히 육수가 중요하다. 다른 지역과 마찬가지로 제주에서도 혼례나 상례를 치를 때는 돼지부터 잡았다. 보통 행사 사흘 전이 '돗(돼지)' 잡는 날이었다. 돼지를 잡고 고기를 분배하는 일은 '도감'이 맡아서 했다. 도감이 고기를 어떻게 썰고 나누느냐에 따라 행사 규모가 결정되었다. 그래서 혼주나 상주는 도감에게 잘 봐 달라는 부탁도 하곤 했다.

도감이 부위별로 해체한 돼지 살코기, 내장, 뼈는 물론 제주 전통 순대인 수애까지 삶아 낸 국물이 몸국 육수가 된다. 모자반은 겨울에

통영 중앙시장이나 창원 용운시장에 톳, 미역, 다시마 등과 함께 모자반이 자리를 잡으면 머지않아 매화가 핀다.

대구 서문시장에서 말린 모자반을 봤다. 그런데 이름표에는 '완도 마재기'라고 적혀 있었다. 이곳에서는 모자반을 마재기라고 한다. 찾아보니 똑똑자반, 진저리라고도 불렀다.

옛날에는 설이 지난 뒤에 말린 모자반을 즐겨 먹었다.

모자반무침

제주 몸국

채취해 말려 놓은 것을 물에 불려 토막토막 썰고 묵은 김치나 신 김치도 잘게 썰어 준비한다. 메밀가루를 개어 반죽도 만들어 둔다. 돼지 장간막(미역귀라고 부름)을 굵은 소금으로 비벼 씻고 밀가루로 다시 주물러 씻은 다음 잘게 썰어 놓는다. 장간막을 넣어 우러나는 맛을 더하는 것이 몸국 포인트다. 준비가 끝나면 육수에 장간막과 모자반을 넣고 끓이면서 메밀로 반죽한 물조베기(묽은 수제비)를 풀고 신 김치를 넣어 간을 한다. 몸국을 만들 때는 억센 모자반을 쓰고 어린 것은 무침으로 만든다.

몸국은 보통 행사 이틀째인 '가문 잔칫날' 맛볼 수 있다. 밥, 몸국과 함께 삶은 고기, 수애(순대), 마른 두부, 메밀묵 몇 점을 한 접시에 담는데 이것을 '반'이라고 한다. 반에다 빙떡, 나물, 강회, 김치, '돗괴기'와 수애를 찍어 먹는 초간장을 곁들이면 손님상이 완성된다. 제주 사

모자반을 넣은 물메기탕

람들은 구미가 당길 만큼 진하면서도 속을 시원하게 하는 몸국 맛을 '베지근하다'고 표현한다.

모자반은 혼합갯벌에서 잘 자란다. 갯바위에서 자라는 미역이나 톳과 달리 뿌리를 내릴 수 있는 흙이 있어야 하기 때문이다. 게다가 너무 깊지 않은 곳을 좋아하기에 마을 어장이 주요 서식지가 될 수밖에 없다. 이런 곳은 연안과 접해 있어 쉽게 오염될 수 있는 곳이다. 모자반이 많이 자라던 제주 우도, 성산읍 고성신양, 조천읍 북촌, 애월읍 동귀의 생산량이 10톤 내외로 급감한 이유다. 기후 변화도 원인이 될 수 있지만 육상 개발 행위가 연안 어장에 큰 피해를 준 셈이다.

요즘은 여행객을 대상으로 식당에서 몸국을 팔긴 하지만 정작 제주 사람들은 예전만큼 먹지 않는다. 모자반 생산량이 급감한 탓도 있고 옛날처럼 사사로이 돼지를 잡을 수도 없으며 더 이상 일반 가정에서 집안 대소사 준비를 하지 않기 때문이기도 하다. 슬로피시인 모자반이 들어가는 몸국은 제주 공동체 생활양식이자 깨끗한 제주 바다의 지표인데 그 의미가 잊히고 있다. 그래서 슬로푸드 한국협회는 제주 몸국을 '맛의 방주' 품목으로 등재했다. 맛의 방주는 사라질 위기에 처한 종을 보전하고 이를 지키는 생산자를 지원하는 프로젝트다. 소비자가 공동 생산자로 참여해 좋고(good), 깨끗하고(clean), 공정한(fair) 음식을 만들어 가는 것이 목표다.

참고문헌

『경상도속찬지리지(慶尙道續撰地理誌)』

『고려도경(高麗圖經)』

『규합총서(閨閣叢書)』

『난중일기(亂中日記)』

『난호어목지(蘭湖魚牧志)』

『도문대작(屠門大嚼)』

『동의보감(東醫寶鑑)』

『본초강목(本草綱目)』

『세종실록지리지(世宗實錄地理志)』

『송남잡지(松南雜識)』

『승정원일기(承政院日記)』

『시의전서(是議全書)』

『신증동국여지승람(新增東國輿地勝覽)』

『오주연문장전산고(五洲衍文長箋散稿)』

『요록(要錄)』

『우해이어보(牛海異魚譜)』

『음식디미방(飮食知味方)』

『음식방문(飮食方文)』

『일성록(日省錄)』

『임원경제지(林園經濟志)』

『임하필기(林下筆記)』

『자산어보(玆山魚譜)』

『제주풍토기(濟州風土記)』

『조선왕조실록(朝鮮王朝實錄)』

『조선요리제법(朝鮮料理製法)』

『증보산림경제(增補山林經濟)』

『한국수산지(韓國水產誌)』

국립수산과학원, 『속담 속 바다이야기』, 2007

국립수산과학원, 『한국 어구 도감』, 2002

국립해양박물관, 『바다밥상』, 2014

권오길, 『별별 생물의 희한한 사생활』, 을유문화사, 2017

기태완, 『물고기, 뛰어오르다』, 푸른지식, 2016

김려 지음·박준원 옮김, 『우해이어보』, 다운샘, 2004

김무상, 『어류의 생태』, 아카데미서적, 2003

김상현, 『통영 섬 부엌 단디 탐사기』, 남해의봄날, 2014

김영혜·김두남, 『맛있는 바다』, 한글그라피스, 2016

김준 외, 『서해와 조기』, 민속원, 2008

김준 외, 『한국 어업 유산의 가치』, 수산경제연구원BOOKS, 2015

김준, 『갯벌을 가다』, 한얼미디어, 2004

김준, 『김준의 갯벌이야기』, 이후, 2009

김준, 『대한민국 갯벌문화사전』, 이후, 2010

김준, 『물고기가 왜?』, 웃는돌고래, 2016

김준, 『바다맛기행』, 자연과생태, 2013

김준, 『바다맛기행2』, 자연과생태, 2015

김준, 『바다에 취하고 사람에 취하는 섬 여행』, Y브릭로드, 2009

김준, 『새만금은 갯벌이다-이제는 영영 사라질 생명의 땅』, 한얼미디어, 2006

김준, 『섬문화 답사기(신안편)』, 서책, 2012

김준, 『섬문화 답사기(여수·고흥편)』, 서책, 2012

김준, 『섬문화 답사기(완도편)』, 서책, 2014

김준, 『섬: 살이』, 가지, 2016

김준, 『어떤 소금을 먹을까』, 웃는돌고래, 2014

김준, 『어촌사회 변동과 해양생태』, 민속원, 2004

김준, 『어촌사회의 구조와 변동』, 전남대학교 박사학위논문, 2000

김준, 『어촌사회학』, 민속원, 2010

김지순, 『제주도 음식』, 대원사, 1998

김지인, 『우리 식탁 위의 수산물 안전합니까?』, 연두m&b, 2015

남종영 외, 『해서열전』, 글항아리, 2016

명정구, 『어류도감』, 예조원, 2007

문화재관리국, 『한국민속종합조사보고서(어업용구편)』, 문화재관리국, 1992

박수현, 『바다생물 이름 풀이사전』, 지성사, 2008

박승국 윤익병, 『조선의 바다』, 한국문화사, 1999

박정배, 『음식강산 1』, 한길사, 2013

박정배, 『한식의 탄생』, 세종서적, 2016

서유구 원저·이두순 평역·강우규 도판, 『난호어명고』, 수산경제연구원BOOKS, 2015

서유구 지음·김명년 옮김, 『전어지』, 한국어촌어항협회, 2007

송수권, 『남도의 맛과 멋』, 창공사, 1995

오창현, 『동해의 전통어업기술과 어민』, 국립민속박물관, 2012

이노우에 교스케, NHK 「어촌」 취재팀 지음·김영주 옮김, 『어촌자본주의』, 동아시아, 2016

이태원, 『현산어보를 찾아서』, 청람미디어, 2002

정약전, 이청 지음·정명현 옮김, 『자산어보』, 서해문집, 2017

조광현 그림·명정구 글, 『바닷물고기도감』, 보리, 2013

한용봉, 『식용해조류 1』, 고려대학교출판부, 2010

한정호 외, 『바닷물고기-남해편』, 자연과생태, 2016

해양수산부, 『한국의 해양문화』, 해양수산부, 2002

황선도, 『멸치 머리엔 블랙박스가 있다』, 부키, 2013

황선도, 『우리가 사랑한 비린내』, 서해문집, 2017